U0067872

濃縮EMBA理論與實戰

EMBA 不會教的

複製CEO

Duplicate CEO

街頭本事真功夫的
創業者與企業家實戰聖經

洪豪澤 著

自 序

人人必備的 360 度 CEO

　　我們一生中，光在學校讀書的時間就占了人生當中非常重要的一、二十年，從幼兒園、小學、初中、高中到大學，甚至到研究所與博士後研究。在這期間內，我們學習到了各項領域的許多知識，例如語言、數學、歷史、地理、生物、化學……等所有與日常生活相關，足以讓我們融入社會的基本知識。

　　除了上述知識，我們也奠定了一些基礎學科知識，學會適應團體生活和經營人際關係。然而，在我們離開學校進入社會後，人生可能還有五、六十年或更長的時間。在未來的歲月裡，你是否會懷疑當初在學校所學的知識是否就已經足夠，讓我們在事業中成功得到財富與名聲，或支撐自己從事一輩子所熱愛的事業？答案當然是「很難」！

　　近二十年來，我不斷地教導企業並協助公司發展。從二十七歲創業那一刻起，我帶領過成千上萬的人，無論是在訓練新人，營運公司團隊，或在演講及出版書籍時，我都會特別開設一門課程以教導他人如何找人、用人、留人，進而建立起自己的專屬團隊。在我面試新人的時候，我經常發現他們所應徵的職位不見得與學校所學的知識有所關聯。他們以為自己在學校苦讀多年，為求得心目中的職位而努力，但現實是否真的

能讓他們如願以償？他們是否有能力勝任這項職位？其實，學校所學的知識與社會上所會用到的知識，兩者之間通常存在著明顯的落差。

在《EMBA 學不到的複製 CEO》中，如果你想看純粹的理論、艱深的方法、標準的思考模式，希望藉此印證現實市場和過去學校所學的那套一模一樣，那很抱歉，你可能會讓失望。在這本書裡面，我所要傳達的內容與你所學的可能不太一樣，或者恰恰相反，甚至與你以往累積的所有認知背道而馳。

或許你會因此感到失望或憤怒，不願意接受這項現實，但請想一下，如果你能靠過去的思維和想法達到自己所要的結果與生活，那麼你現在可能就不會拿起這本書了。不管你是一間公司的老闆，或是一位白領上班族，我都建議你深深研讀讀這本好書。曾經有人告訴我：「複製 CEO 聽起來非常的困難，我只是一名學生，一名社會新鮮人，我還不需要學習如何複製 CEO。」錯了，其實從這一刻起，每一個人都是一位 CEO ！

這是一個所有人都必須面對市場與社會的時代，每個人都有可能會接觸到領導與銷售，直接接觸企業營運的每一項環節。無論你的職位為何，我們都可以通過手機聯通世界，透過網路串聯全球。所謂的複製 CEO 絕對不是只有領導者才必須學習的知識，因為每個人都必須把自己當成是一位 CEO。如果你是一位家庭主婦，那麼你就是家裡的 CEO；如果你是一

位學生，那麼你的團隊裡就有你的同學與朋友；當然如果你是一位大老闆，那你更應該學習如何當一位領導獅群的獅子王。如果你只把團隊成員當成綿羊，放任他們天天吃草，那你怎麼可能會期待他們在商業戰場上打敗敵人呢？

這本《EMBA 學不到的複製 CEO》是我商場上縱橫二十多年下來的經驗，有成功的經驗，也有失敗的經驗，但俗話說：「失敗為成功之母。」每一次的失敗都是檢討的機會，知道自己錯在哪裡，如何東山再起。這本書所談的是街頭實戰，每一次面對客戶、團隊、上司、下屬所學習到的經驗。我建議你在讀完這本書後，可以把自己的心得傳達給我。這些心得很有可能在經過你的同意之後，出現在我的下一本著作。

讀完這本書後，我建議帶的你的團隊、同事或合作夥伴在每天早上，或是每週固定一時間舉辦一次讀書會，或是參加我所舉辦的讀書會，將這本書所收錄的內容瞭解透徹。我在全國及全球各地都有舉辦讀書會，讓全體讀者可以一起交流，討論如何實際運用這本書裡面的所有內容，歡迎各位免費報名。

如果你在一開始就保持著複製 CEO 的想法來帶領團隊，那麼你將會有很多位 CEO；如果你一開始只是抱持著自己成為 CEO 的心態，那麼你的團隊就只會有一位 CEO。《EMBA學不到的複製 CEO》不只教導你如何成為各行各業以及各項領域的 CEO，更會告訴你如何大量複製出 CEO。

　　恭喜各位接觸到此書，書中理論實戰範圍十分廣泛，從台灣到中國大陸、馬來西亞、日本、美國、泰國、澳大利亞，以至於全世界各地。在這二十多年間，我持續與世界各領域的菁英學習合作，企圖成為領導力、談判、銷售、市場營銷、演講演講、系統打造、團隊複製、激勵、股權分配、時間管理、創業成功、催眠、銷售成交，各項領域的第一名。

　　這本書將古今東西方數百家企業，數千萬人的經驗濃縮成一塊，因此只看一遍尚無法領悟其中的精隨。我建議每位讀者至少將此書研讀六遍以上，過程中還要畫重點、寫筆記。如其書名般，《EMBA 學不到的複製 CEO》真的可以協助你複製 CEO，更可以幫助你如何做好公司規劃、成功創業、練好口才、做好營銷，並徹底發揮個人潛能與領導力，打造系統複製團隊。有了這本書，你將無所不能！

聯絡及合作方式　QQ：sam1713006978@qq.com

微信二維碼：

CONTENTS

CONTENTS

CONTENTS

Chapter 1

每個人都是 CEO

我們的成就來自於自身的領導力，
沒有成就等同於沒有領導力。

　　如同世界領導力權威約翰・麥斯威爾 (John C. Maxwell) 提出「360 度領導理論」，我們每個人都是 CEO，要學會 360 度上下左右的領導。無論你有自己的團隊，或是他人的員工，家庭中重要的支柱，朋友圈的核心人物，只要你與他人之間存在著上下與水平關係，你就是自己在人際圈中的 CEO！試想一下，你之所以會走進漢堡店，因為自己想要吃漢堡，還是兒子想要吃漢堡？如果是後者，那就是兒子領導了你。

　　記住，CEO 是首席執行官、企業操盤手、企業掌舵者。領導是一種帶動，而不是推動，是往前拉，不是從後面推。若公司有問題，最大的問題就是前三排的人；若團隊有問題，最大的問題就是領導者。只要有問題，那都是領導的問題！俗話說：「想要改變別人得先改變自己。」因此領導者總是要先改變自己，先讓自己壯大起來，如此一來任何人都會跟隨你！

1-1

檢查你的商業模式

創業的過程中絕對會遭遇許多困難與挑戰，你是否已經準備好，不顧一切地建立起自己的團隊？請切記時時檢視自己的商業模式，保持不斷思考，根據環境變化和狀況演進找出最合適的的對應方法與管道。

　　在一開始之前，我想請你先思考以下三十道問題，你不用急著做出回答，也不用尋找標準答案。或許會有人因此感到困惑，但對於一位領導者而言，最重要的並非尋找單一時間點問題的答案，而是隨時檢視並思考，才能找出最合適的對應方法與管道。

CEO 該思考的三十六道問題

01. 管理的本質是什麼？

---

02. 領導與管理的差別是什麼？

---

03. 我為什麼要開這家公司？初衷是什麼？目標是什麼？

04. 我是否極致熱愛我的產品和服務？

05. 我是否已經準備好用至少一年，每天十小時的時間來徹底完全投入事業？

06. 我確定具備充足的執行力嗎?

07. 我準備好隨時待命了嗎?

08. 如果公司不賺錢但能活下來,我願意做多久?

09. 我是否願意做一些我不喜歡甚至不擅長的事？

10. 我是否非常重視客戶價值？

11. 我真的適合當領導者嗎？

12. 我能容許他人出風頭並給予他良好的表演舞臺嗎？

13. 我和家人溝通好並規劃好時間安排了嗎？

14. 我願意遵守對股東核心圈的承諾嗎？

15. 我是否能帶著團隊持續不斷學習？

16. 我是否願意遵守法律與道德的底線？

17. 有錢了之後，我接下來會做什麼？

18. 在創業鏈中，我的創業優勢和弱點分別是什麼？

19. 我適合擔任公司的哪一項角色？

20. 我打算經營公司幾年？之後的退休機制規劃好了嗎？

21. 我的獲利點在哪項營運環節？

_____

_____

_____

_____

_____

22. 我的盈利產品定位為何？

_____

_____

_____

_____

_____

23. 我的首要短期的目標為何？

_____

_____

_____

_____

_____

24. 我是否有長期目標的規劃?

_____

_____

_____

_____

_____

_____

25. 我的產品和服務跟別家相比,其中有哪些差異?

_____

_____

_____

_____

_____

26. 到底什麼是我的核心差異?

_____

_____

_____

_____

_____

27. 我是否瞭解在市場上同行或可能跨界的公司有哪幾家？他們都是怎麼經營？

28. 企業的價值觀是什麼？

29. 我目前缺少的核心團隊成員是誰？需要哪些職務？

30. 我有沒有幫自己團隊訂定獎勵方案？

在你閱讀此書的過程中，或許會有些感想或啟發，除了可以把它們寫在每個章節尾端的筆記頁，也可以回過頭來將上述三十道問題的答案寫在上面。記住，別急著一次就把空白處寫光，因為你將發現，隨著你閱讀此書的次數增加，給出的答案也將會不一樣。

此外，當你寫下答案前，也可以先思考一下以下六道問題，你將發現它們不只是問題，同時也是訓練邏輯思考的方法：

一、我是否對自己的具體的商業模式擁有信心？還是連自己都半信半疑？

二、我是否知道自己有哪些個性上或能力上的弱點要靠
團隊補足？

_____

_____

_____

三、我有沒有一群能和我一同出生入死，打天下的夥伴？

_____

_____

_____

四、我有沒有貴人、師傅及人生導師？

_____

_____

_____

五、當我遇到困難與挑戰時，誰可以成為我的心靈板機？

_____

_____

_____

六、誰是我可以無條件付出無條件的人？

_____

_____

_____

_____

好產品是成功的基本條件

　　想想幾十年前，我們曾經見證過那個沒有網路、沒有手機的時代。記得當時，我曾經使用過的呼叫器叫做 BB Call。BB Call 沒有辦法像現代手機這樣即時通話，得要有人先輸入號碼讓你的 BB Call 產生聲響，你才能回覆那組號碼，和他交互進行單向通話。那個年代通話如此不方便，但當時擁有 BB Call 卻已經十分酷炫。在那個年代之前，人與人的溝通只能藉由定點電話、打電報，甚至更久以前還要靠飛鴿傳書、快馬加鞭才能找到人。因此，在遠古時代做生意一定要親臨現場，若你要開發歐洲市場，人一定要去歐洲；若要開發美國市場，人一定要去美國；若要開發亞洲市場，那人肯定要在亞洲先待一段時間，認識當地的人後才有辦法。

　　自從 BB Call 問世後，科技突飛猛進，溝通管道也不斷進步。有一種叫大哥大，剛推出的時候價格非常昂貴，手感笨重，而且收訊不怎麼好，但那樣的產品已經是有錢人的奢侈品。隨

著時光流逝，笨重的大哥大演變成輕巧的諾基亞手機，我在十二年前剛從台灣到中國大陸發展時，正巧也是使用諾基亞的按鍵式手機。沒想到一晃眼，按鍵式手機便成了老人機的代名詞，取而代之的則是可以拍照、上網的智慧型手機。在那個年代，手機品牌很少，如果你要買手機，就只能買諾基亞或摩托羅拉。到了現代我們有太多種選擇，除了蘋果的 I phone，還有 Sony、三星、華碩、小米、華為、聯想……等數不清的手機品牌。這是一個產品過剩的時代，如果你的產品不好，那麼你將無法生存；但如果你的產品很好，也不見得會有生意。

　　我曾在雜誌上看到一則報導，提到科學家推測再過幾十年後，人類的外表都會變得十分符合當代審美觀，如果有人長得不夠漂亮、不夠帥就無法與他人競爭，但長得漂亮、長得帥也只是符合基本條件。雖然我不知道那個年代是否真的會到來，也不知道那時審美觀有何變化，但在現代這個社會中，再好的產品也不見得能擁有好的銷售量，因此我們更應該知道，在達成好產品的基本條件之後，接下來該如何把東西賣出去。

　　當然，產品的好壞依然是一個重要因素。只是，除非你的產品比別人好上千百倍，或是市場上沒有類似的同質產品與你競爭。不然的話，如果只是品質上比別家好一點，還是很難從中脫穎而出。我曾經告訴很多學生，不要一開始就向客戶誇口說自家產品有多好，服務有多好，那樣做只讓人感到反感。

在他人耳裡，你推銷的不是自家產品，而是自己缺多少業績，想從他身上撈多少錢。

商業的成功來自商業鏈條

如同腳踏車踏板與後輪之間的鏈條，牽動著後輪旋轉，如果這條鍊子中間出現斷裂，後輪就無法順利行駛。什麼叫做商業鏈條呢？商業鏈條裡埋藏著許多重要的關鍵與細節，無論是產品的品質、包裝、服務、銷售、市場、定價；銷售通路的代理商、經銷商、總經銷、大盤、中盤、小盤、客服人員、櫃檯人員、物流配送；販售地區的法律、稅務、財務、風俗、人文民情、出品時間、促銷方式、贈品模式；公司的品牌、背景、老闆、開發人員、代言人都有可能影響產品的商業鏈條。

在這之中有太多因素能影響一項產品或服務的接受度與銷售量，因此商業的成功絕對不是只由其中一、兩個因素決定。就像牙痛般，一個人全身上下都很健康，但牙齒痛得很厲害，就可能使他痛得無法入眠，吃不下飯，看起來像是得了重症般病懨懨。若將上述比喻放入商業行為中，牙痛可能是一項有問題的商業行為，或是定價出了差錯、品質出現瑕疵、推出時間過晚……等，這其中的一點點出錯都有可能導致全盤皆輸的結果。因此，創業之所以成功或失敗，CEO 之所以適任或不適任，團隊能不能建立起來，看的是整條商業鏈條。

　　我在課堂上曾經舉過一個例子：如果你的汽車爆胎了，那你應該把你的輪胎放在水裡面並用力擠壓，這時候水面會出現一個非常微小的泡泡，產生泡泡的孔洞就是輪胎爆胎的原因。在創業的過程中，可能就是這個連肉眼都看不太出來的微小細孔導致結果的失敗。所以，當公司無法成功，創業出現問題的時候，你必須要去檢視商業鏈條裡是否有哪一處出現漏洞。找到漏洞是邁向成功的第一步，而第二步則是補上漏洞。

　　在接下來的篇幅中，我將會談到商業鏈條上大部分的漏洞，其中一大部分都是人為產生的漏洞。古今中外，人的因素總是成功與否的重要關鍵，所以我在商業鏈條裡最重視的正是人才的部分，人能造成漏洞，也能修補漏洞，所以 21 世紀商場上最關鍵的成敗因素絕對是人！

產品的商業鏈條

全員營銷的重要性

記住，領導者必須具備銷售能力，老闆就是公司最大的業務員，所以每一位老闆都要熟習銷售、學習成交。我曾經輔導過許多企業並給予學員一項很重要的觀念植入：全員銷售。

什麼是全員銷售？就是公司裡，不管是做研發，做財務做市場、銷售、會計、後勤管理，甚至是老闆本人都要學會銷售。如果老闆從研發領域出生，沒有學過銷售，在過去產品種類還不多的時代下可能還可以生產好產品。但是，在當今生產過剩的時代中這樣的做法早已行不通，因此老闆要帶頭學好銷售。據統計，全世界所有成功的創業者和企業家之中，大部分有 70% 以上不是從銷售做起就是學過銷售，或是從事過業務銷售行業。當公司業績低迷時，有時候問題並不是產品本身，也不是定價或廣告的問題，更不是東西，賣的太貴，或者太便宜，而是因為公司高層觀念老舊，沒有時俱進，學會最新的銷售技巧，因而遭到時代淘汰。

在我人生的求學時段，學校沒有一門學科教導學生如何銷售。俗話說：「賺錢靠推銷，致富靠行銷。」若沒有學過銷售怎麼可能致富呢？因此，我們必須認真地會學習銷售。如同學習語言般，學銷售、學成交可需要學一輩子，尤其是必須要讓所有員工、全體團隊的人知道：銷售是世界上最重要的工作，以推翻上一代對於推銷員卑微求人的刻板印象。

　　時代的進步使我們知道銷售是生意成功最重要的本事，所以你必須要下定決心學習，讓老闆帶領核心團隊，CEO 帶領核心成員，一起學習銷售，一起重視成交的技巧。在接下來的篇幅將提到，CEO 必須學習銷售能力與成交技巧，且要不斷精進，持續學習，並複製更多擅長銷售的 CEO。

　　若公司的核心團隊並非銷售部門的人，他們可能會成為銷售部門的阻力，其中最根本的原因來自於他們忽略、不重視，甚至討厭銷售力。我的公司裡有一位非常努力的後勤人員，每天工作一、二十小時，有一天他告訴我：「老闆，為什麼我每天工作十幾個小時，而銷售部門有一位主管的工作時間和我一樣長，但他的收入卻是我的二十倍以上，甚至更高？」

　　我告訴他：「他的工作叫做業務銷售，基本上就是老闆在做的工作，你覺得他的收入為什麼會和你一樣？因為他在市場上賺了很多錢，而他只拿了其中一小部分。你所領的錢對公司而言是支出，他所領的錢對公司而言則是分紅。」

　　在此聲明，我並不意指後勤工作不重要，在我的公司中，內勤部門也有一套分紅體系，甚至還有年終獎金，但前提是必須擁有銷售員的行動才能得到相關獎勵。談到這裡，或許會有人表示：「後勤人員不需要承受承擔業績壓力，怎麼會跟銷售扯上關係？」在這個時代。市場行銷、銷售業務與後勤人員的界線已越來越模糊，一位上班族可能在上班的八小時

內做財務會計，並在下班後的四小時的時間經營 Facebook、YouTube，或是藉由微信平台賣奶粉、賣面膜，甚至兼職直銷事業或賣保險。所以，與其讓員工下班之後去做兼職，還不如讓他們在公司多一個身份，一同從事銷售成交工作，當一位銷售員。

從上述內容可知，全員營銷的概念就是如此誕生。我曾經在顧問案裡協助一家重慶的公司，他是一家製造醬料、火鍋底料的公司，大部分的員工為廠內生產人員。當我注入全員營銷的概念，協助他們參加商學院的銷售訓練後，全體員工都因此多了一份收入，因為他們能在下班後透過微信進行微商，販售自家公司的產品。

這份工作對於他們原本的工作並沒有影響，反而讓他們更能夠體會銷售員的心態。不過，若要注入全員營銷的概念，第一位學會行銷的一定要是老闆，員工才會對公司有足夠的信心，才會配合公司的政策。

我有一門課程：情景式演說，就是在教導學員如何通過線上線下交叉推銷，讓客戶瘋狂搶購，進而把產品成功賣掉的秘訣。公司中最該學會這套技巧的人就是老闆，所以 CEO 在學會複製 CEO 前，首先要學會複製銷售力。

隨時準備好演講

　　除了銷售力，CEO 還有一項非常重要的本事要學習，那就是公眾演講的能力。在面對招商會議、團隊會議、婚喪喜慶、大型演講……等場合時，有些人私底下溝通能力很強，但一站上舞台就會手足無措，甚至不知如何是好。演講就像是學開車，在駕訓場地開車與道路上開車完全是兩種不同的體驗。有些人或許會很好奇：「同樣是開車，但為什麼有些人一上了道路就不會開了呢？」除了有一部分來自天生遺傳，大部分都是靠專業訓練，像我自己也是在經過專業訓練後，才學會如何演講。我曾經因為家裡沒錢而自卑，不敢出現於大眾面前，但我現在從事的工作就是在全世界各地舉辦演講和授課。

　　我建議大家，若你想要學會游泳就去學游泳，想要會開車就去學開車，想要會打籃球就去學打籃球。當然，如果你想要會演講，那麼你就該去學演講。CEO 須具備的公眾演講能力就是要靠終身學習，如同我在情景式演說課程中提到，你必須要學會在十五分鐘以內，能夠在任何場合，任何地點，面對任何人發表任何有目的，有結果的指定主題公眾演講。在我設定的六大目標：銷售、招商、建團隊、建管道、路演、籌眾，一場合格的商業公眾演講即是當你的演講完畢後，必須要達到上述目標的結果。

　　你不只需要有這項能力，還要隨時準備好，因為 CEO 就是最大的業務員，CEO 就是最好的演講者。你必須要經常在群眾、記者、團隊，甚至是在招募來的新人面前準備好一份十五分鐘版本的演講，用於介紹公司、業務項目、市場推廣、計畫遠景、短中長期目標與目前的成就。你的演講將決定聽眾是否有意願加入你的團隊，甚至搶著要進入你的公司。你還必須要有其他版本的演講，讓客戶在聽完後非常想要購買你的產品，或者想加盟你的公司，甚至想幫你轉介紹客戶。或許演講不是你天生與生俱來的能力，但任何人都可以透過學習而有所成長。你必須去學習專業的演講能力，不只要學會技巧，還要能達成目標。你必須要學習這門功夫，並且把這門功夫傳授給你團隊裡的每一個人。

　　我在這本書裡面所談到的每一項功夫，除了 CEO 本身要學會之外，還要協助團隊中每個人都學會這項功夫，因為唯有如此才叫做複製 CEO。同樣的，不管在做什麼事，你的起心動念絕不只是想著自己要做什麼，而是如何讓團隊全員都能做什麼。當你有這樣的起心動念時，你的學習心態、方式也會隨之改變，甚至願意花更多時間與精力去學習，只因為在學成後不只有自己會，整個團隊也都多了這項能力，達到物超所值的效果。

複製 CEO 團隊

　　如果你一開始就用複製 CEO 的心態及方法來培養團隊時，你的說話方式、溝通方式、遭遇問題時的解決方式、對團隊付出的方式，以及一切所有的行為舉止都將有所不同。就如同你在談戀愛的時候，如果你一開始就抱持著要跟對方步上紅毯的心態，那麼你的所作所為與付出將全然不同。曾經有人問過我：「如果你對團隊很好，但後來他們走了，離開了，甚至把客戶和其他團隊成員帶走，那該怎麼辦呢？」

　　其實，無論你有沒有考慮過這件事，它都有可能會發生。但如果你因此不願去付出，不願意去帶領整個團隊，那麼最後結果可能就真會如你所願。但是，只要你全然的付出，就算最後結果不盡人意，但你在付出的過程中也會得到相對的收穫。

　　以前在學校念書的時候，我們並沒學過如何複製 CEO，如何打造系統、帶領團隊、複製團隊。但身為一位 CEO，你必須在一開始便學習如何培養 CEO，就像是把孩子當成是未來的接班人那般去培養。當你重視眼前的團隊，旗下的員工時，你對他的說話方式，所作所為也會完全不一樣。不只是培養 CEO，你在培養任何人都是如此。

　　我要告訴所有老闆，學習團隊領導力不只是光靠想像，除了看參考心得書籍外，還要花時間進修，學習這項本事的所

有要領。就如同鍛鍊身體般，除了要具備健身知識外，還必須願意花時間付出，做一些能讓身體變好的事，並停止做出損害身體的事情，例如酗酒、抽煙、熬夜。若你想要複製CEO，那麼你必須先擁有複製CEO的觀念，對於團隊裡的每一人皆十分重視，並帶領他們學習一輩子的想法，才能在付諸行動後有所收穫。

找對天賦力

找對天賦力是身為領導者和CEO所必須做的第一件事，也就是找到自己熱情與擅長的領域。在完成第一件事後，第二件事則是幫助核心團隊內的每一位成員找到他的興趣與天賦，也就是把他們放在對的位置，讓他們能夠快樂地把自身長才發揮得淋漓盡致。

什麼是興趣？什麼是天賦？興趣就是做自己喜歡做的事，天賦則是特別擅長的事情。例如有人可以三天三夜廢寢忘食地組裝模型，有人可以從早到晚一整天下來都在做運動，有人可以連續閱讀好幾小時而不感到疲勞，上述舉例都都是種對於特定事物的興趣。有人唱歌唱得好聽代表他擅長唱歌，如果他也喜歡唱歌，那唱歌便是他興趣與天賦。身為一位領導者，你必須做的第一件事，就是找到自己的興趣與天賦。

　　假設你在學校念書的時候，你特別擅長機械相關的領域，而且也擁有很棒的專業知識，機械可能是你的天賦，但你在這方面不一定有興趣。你在畢業後創辦了一間與機械相關的公司，雖然這份工作符合你的天賦，但你可能不喜歡這份工作。如果人只能做自己不喜歡做的事，就沒有辦法發揮出全力，因為人生中最快樂的事，就是找到自己的興趣與天賦。如果你是老闆，那麼你就要找到團隊裡面喜歡又擅長機械的人，這種人在你的團隊越多，他們越能發揮自我，你也能越能輕鬆。

　　所以，你必須要幫助團隊裡的每一位成員找到自己喜歡做的事。在我剛開始創業的時候，我並不懂這個道理，所以我總是命令叫團隊成員去做我認為他們可以勝任的事情。雖然事情順利地完成了，但結果不一定理想，執行者也不一定有所成就。試想一下，假設團隊裡有一個人擅長製作影片，如果他能夠每天製作一段三分鐘的影片，把它放在 YouTube 上面，這段影片看似與公司營運本身無關，但也有可能因此促進業務的成長，達到推銷的效果。

　　每當我看到一位新面孔，我就會開始問自己：「他有哪些興趣？天賦又為何？」假設我培養了兩個人，其中一位具有演講天分，只要站在舞臺上就能光芒萬丈，熱力四射，讓聽眾都想掏錢向他買東西，或者是想加入他的團隊，因此我讓他一直站在舞臺上。另一位則不想站上臺，但是他在一對一對話的

能力非常強，適合與大客戶在私下場合做公關應酬，於是我讓他遠離舞台，活躍於各個交際場所。

　　此外，綜合水準能力對於 CEO 也十分重要，就像在考試的時候，所有科目的分數都必須要考到及格的六十分。如果有十個科目，這些科目可能是演講能力、銷售能力、團隊組織能力、培養新人能力……等，你必須在每個科目皆取得合格成績，讓本來只能考三四十分的科目在通過學習後變成七八十分，甚至八九十分。因為 CEO 必須具備綜合能力，才可以在公司營運的某個環節出問題，或是某個部門效率低落卻找不到人才替補時，自己可以迅速跳下去填補這個缺口，如此這般才能確保公司的持續發展。

　　不過，人還是必須有幾項特殊專長，例如某個人綜合能力很強，但是他在其中一個項目非常突出，就是與大客戶對談，那你就要想辦法讓他在這項專長上發揮到淋漓盡致。

　　上一段我所舉例的那個人，他擁有很強的台上演講能力，那我就會讓他一直保持在舞台上。若他同時也對演講抱有興趣，那我該如何讓他發揮到極致呢？除了想辦法讓他能夠不斷上臺之外，還要想辦法讓他在這方面不斷精進，像是幫他找到演講領域世界級菁英當他的老師，幫他規劃在演講領域的未來發展，讓他出一本書，培養複製出下一批演講人才，這些都是協助他自我實現，將專長發揮到淋漓盡致的方法。

　　世界第一領導力大師約翰・麥斯威爾 (John C. Maxwell)
曾經說過：「如果你想要成功，就去幫助身邊六個人成功，你
就會更成功。」領導者必須要有一項發現他人天賦的能力，發
揮伯樂的功能，看到每個人的時候都要去想、去思考，如何讓
他們發揮自己的專長與天賦，並彌補他們的缺點或缺陷，讓他
們在具備個人專長的同時擁有高水準的綜合能力，這正是領導
者在複製 CEO 過程中所必須做到的一件重要的事。

複製領導力

　　真正的領導者不只須具備領導力，還要有能力培養出其
他領導者。領導力的培養大致上有三個步驟，第一步驟就是叫
培養的人在一旁觀看，讓他觀摩你正在做的事情，並至少讓他
看三次。

　　第二步驟則是叫做他做你看，只要一有狀況你就上前協
助他回到正軌，就像是汽車駕訓班學的教練教導學員學習開車
一樣，教練會在一旁看著你操作，在你操作失誤時踩下副駕駛
座的剎車，若碰上突發狀況，教練也可以馬上想辦法救你。

　　而第三個步驟便是放給他做，你只需要定時監督，在重
複多次後，最後讓他扮演你的角色，以同樣的方式將這件事交
給下一位接班人。以上三個步驟就是培養領導力較簡單的方

法，但上述三個步驟需要做的次數卻是因人而異，所以領導應該是因材施教，而不是有教無類，應用一千種方法對一種人，而不是用一種方法對一千種人。

領導力在西方的世界裡被視為一門科學，甚至還成立研究中心來研究，然而在東方的世界裡卻沒有專門的學科做研究。我再次提醒，你的成就不會超過你的領導力，當你認知到領導力的重要性後，接下來你需要不斷地嘗試提升你的領導力。這幾十年下來，我帶死了非常多人，從中做了多次的檢討與反省，一步步改掉自己錯誤的領導做法。

「傾財足以聚人，量寬足以得人，律己足以服人，身先足以率人。」其中以最後一句最為重要，當你身先士卒，別人才會願意聽命和你一同勇往直前。因此，當你想要讓團隊進行某件事情的時候，你必須自己先起頭，而且做很多次，別人才會願意跟上你的腳步。例如你想讓大家舉辦一個招商會，除了以自身做為起頭，你還要重複一直講、一直做、一直提醒，直到大家被你影響而加入這項計畫，這就是身先足以率人的實際示範。

許多大老闆都會重視細節，尤其在計畫剛開始的時候，一定會先把流程理順，表現出非常重視的態度，才會讓團隊其餘成員跟著重視這項計畫。有時一項命令之所以沒有辦法徹底

執行，是因為團隊成員沒有看到領導者對其重視的態度，所以才會認為這項命令不重要，因而沒徹底執行。

那麼，什麼是律己足以服人呢？例如當你要求團隊不要遲到，自己卻遲到時，你得面對這項失誤並道歉，坦然接受自己所制定的懲罰。我見過許多的領導者只會對團隊嚴苛，但對於自我管理卻十分寬鬆，導致團隊中沒有人信服於這位領導者，自然也不會對團隊產生向心力。

除了身先士卒與嚴以律己，帶領團隊還有最有效的方式就是產生績效！身為領導者是否能夠帶著團隊打造出好的結果，產生好的業績十分重要。如果你戰功彪炳的話，那麼團隊的人就會崇拜你、信服你、依賴你，甚至相信只要跟在你身邊就能夠雞犬升天。我曾經去開發一處廣大區域的市場，一開始先靠自己完成最困難的幾個步驟，再讓團隊成員去銜接後面較簡單的步驟。當團隊成員看到我隻身克服前面的大風大浪時，自然就會信服於我的領導，相信跟著我做準沒錯。所以，當你是團隊領導人時，你必須要讓團隊成員相信他們跟對了人。

量寬足以得人，每個人都會犯錯也曾經犯過錯。一位稱職的領導者必須學會去包容與容忍他人的錯誤，只要團隊成員還算正面積極，你依然可以發揮他的專長，讓他對團隊帶來的正面效益遠高於負面效益。就像有些植物在某一地區的土壤無

法發芽一樣，但這種植物在另外一個地方卻能夠長成參天大樹，那是植物本身的問題，還是土壤的問題呢？

　　傾財足以聚人，講的是財去人聚，財聚人去。帶領團隊時，該給的獎勵一定要給，該發的獎品一定要發，若是因為貪心而小氣或不履行承諾，便無法長久留住人才。在學習領導力的過程中，很多人可能都還停留在幼稚園或小學階段，但不用因此擔心，深怕跟不上進度，因為連我這種教過那麼多堂課，培育出無數學員的人也還在學習當中。培養領導力是一門終生學習的課程，也是每一位老闆的必修課程。

1-2

成功頂尖領導者的
十大特色

　　一時的成功或許是偶然，但是持續的成功則是必然！藉由我多年觀察，在此列下成功領導者的十大特色，這其中或許有幾項是天生使然，不過只要透過後天的培養，其實每個人都可以成為擁有十大特色的優秀領導者。

有目標必定達成

如果你今天一定要達成一件你認為自己做不到的事，那請問你會怎麼做呢？你是 CEO，是一位領導者，你的所做所為都可能會被未來的 CEO 所複製。從今天開始，請將所有心中的不可能、做不到全部拿掉，請把它們全部改成：如果我能做到，我會怎麼做？我該怎麼做？如果短期內做不到，那我可以採取哪些替代方案？可以規劃哪些長期計畫來達成呢？

當你以「如果一定要做到」為前提下去思考，就會出現許多後續問題與答案，協助你釐清每一個方向與環節。若大部分的答案有問題，那是因為你在錯誤的問題中尋找正確的答案，如果假設答案有錯，那麼代表問題問錯了。所以，永遠不要一開口就說：「沒辦法，不可能。」白白放棄思考與判斷的機會，而是要學會抽絲剝繭，大腦裡面不斷提出假設與應對，在反覆循環下將答案慢慢整理出來。事情沒有絕對只有相對，任何問題、任何狀況都有相對的好方法與壞方法，這就是一位 CEO 必須複製給下一位 CEO 的重要思維。

主宰情緒，主宰人生

很多人以為監獄裡只有罪大惡極的壞人，但監獄裡實際所關的大部分都只是因一時情緒失控而鑄下大錯的人。請記住：「任何一個壞情緒都有可能毀了一切美好的事物！」說不定你花了好長一段時間才成立一個團隊，卻只因為一次爭吵而導致團隊分崩離析。在創業初期，我很自豪地建立了一個龐大的上百人團隊，那是我花了好多年的時間所累積下來的心血結晶，但當時的我經常情緒不好，時常對團隊發脾氣，有時一次就走了很多人，為什麼？因為情緒失控很危險，可能會讓一個人結束自己或他人的生命，毀了一群人辛苦好幾年所建立的基業，讓一家公司在短短幾天內徹底瓦解。所以，身為一位CEO，你必須學習讓自己把情緒擺在公司的利益之下，而這件事有時候比把自身利益擺在公司利益之下更困難！

利益的衝突你還有時間說服自己做出割捨，但是情緒的衝突有時卻是突然發生，你完全無法預測也無法抵擋。因此，人最重要的不是隨時保持巔峰狀態，而是要學會快速調整情緒，避免自己出現失常的行為。深呼吸、自我催眠、轉移注意和娛樂活動都可以緩和情緒，讓自己慢慢回到控制，但在此之前你要先知道情緒控制的重要性。古人說：「三思而後行。」就是為了避免一失足成千古恨。記住，越能夠控制情緒的人往往越容易保持成功，若一位領導者要培養出其它領導者，這樣的風範是不可或缺的要素。

形成良性循環

　　什麼是良性循環？先來看看什麼是惡性循環。在惡性循環下，你的團隊脆弱，缺少資金，缺乏成果，因此你不願意花時間培養團隊，提不起勁努力，也不願意為結果付出，結果團隊成員紛紛退出，手中資金越來越少卻沒有任何成果能吸引客戶投資或投入。面對此般情況，你卻打從心裡慶幸自己未曾做過任何掙扎，而結果也恰巧如先前所預料。

　　大部分的人之所以會陷入貧窮，難以成功，都是因為身陷在惡性循環中不停打轉，丟失了所有翻身的機會。有時候，一個人可能會窮上一輩子，甚至禍延子孫，那該如何打破惡性循環呢？這其實有點困難，因為你在打破惡性循環的時候必須要先打破慣性，勉強自己去做一些不想做或不習慣做的事情，必要時甚至會需要去做一些感到厭惡或排斥的事。

　　有人問過我：「我要怎麼做，才能夠擺脫基層工作的生活呢？」我曾經成立過一個龐大的電話銷售部隊，團隊裡有很多人整天的工作就只有打電話，從早到晚，全年無休。其中，有人得了職業倦怠症，不想再打電話了，他們問我：「這樣天天打電話，要打到什麼時候？」

　　我告訴他們：「如果你不想再打電話，最好的方法就是把電話打得非常的好，升級成管理者，你就再也不用打電話

了。但是，如果你電話打的不怎麼樣，不想把電話打好又邊打邊抱怨，那你只得一輩子打電話。」假設當你想要擺脫你現在所做的事，但是你又不知道該如何擺脫的狀況之下，最好的方法就是把你現在做的事做到最好。你可以不斷練習，逐步精進，讓自己更有效率，就算現狀沒有改變，至少你也能省些時間下來做些喜歡的事。相反的，如果假設你只會邊做邊抱怨，那你只會越做越差，陷入惡性循環之中。

　　良性循環是富人保持富有最重要的關鍵，我在貧窮的時候曾經創業失敗，當時的我迫於現實，將所賺的錢拿去交房租，發員工薪資，日復一日的做著賺錢養公司的事，但公司還是倒了。後來我毅然決然地去借了一筆錢，讓自己有了進修的機會，期間有人問我：「難道這樣做就能成功嗎？」我無法做出回應，但在這段進修過程中，我拼了命用學來的知識去賺錢，再將賺到的錢拿來投資我自己，最終形成了現在的我。

　　打破慣性是一件痛苦的事情，而且不保證能成功，但若不做出改變，那將永遠沒有機會從失敗中翻身，更不可能形成良性循環！

熱愛學習的精神

領導者必須對學習有種狂熱，而且是種終身的狂熱。有人問我：「為什麼你會那麼熱愛學習？是不是因為職業關係？」其實在二十幾年前，我在台灣各地開遍了公司，當時我的工作是負責公司內部的教育訓練，同時帶領團隊到各處學習。我記得有一次再我到了某一地方，聽了一場演講後，我當時後悔自己竟然沒有把公司內最重要的團隊全部帶來，因為這場演講能使他們受用無窮。

身為一位 CEO，你必須在學習時想著帶領團隊一起學習。有人問我：「如果團隊成員學了太多，翅膀硬了，飛了跑了怎麼辦呢？」抱歉，這是一個網絡時代，就算你不帶著他們學習，他們也一定會透過其他方式跑走。不如你帶他們一起學習，一同成長，一起進步，不但可以藉此把握團隊的動態，還可以增加共同回憶，培養袍澤情感。

就算是在學習的領域，領導者也必須身先士卒。你必須非常投入，勤做筆記，用力鼓掌，做出最好的學生典範。除了在課程中以身作則，你還要帶領團隊做預習和複習，主持讀書會以確保團隊中的每個人都有確實在學習。我們在全球各地多舉辦商業西點軍校讀書會，就是要所有學員養成大家空閒時間，希望各位每個禮拜都能播出一點時間來參加共同聚會，

並且保持學習熱忱。領導者必須要從心態上，從行動中，從具體表現上去接受訓練，學習新的知識，而且是發自內心的去學習，讓團隊成為終生學習型團隊，讓組織能不斷自我更新。

隨時擁有自信

　　當你深愛自己，完全肯定自己，全力支持自己的時候，你就會去健身，去學習，去充實己的生活並打扮好自己。你會用盡全力，想辦法讓自己變得一天比一天更好，讓自己的人際關係越來越美好，讓生活更加精彩亮麗，讓這個世界因為你而有所不同。因為你對自己有信心，你認為自己的人生前途一片光明，所以你會盡全力地努力讓自己更好。

　　有一種人非常自卑，他認為自己不夠好，不懂得善待自己，這種人容易自暴自棄，甚至自殘，走上絕路。俗話說：「相由心生」，自我肯定的人總是會比自我否定的人獲得更大的成就，因此你要想辦法對自我抱持正面的看法，保持運動的習慣讓身體健康，聽聽音樂並保持心情愉快，並定時享受每一份辛勞所帶來的成果，進而使自己在工作時保持滿滿的正能量。

溝通成功才能一切成功

我認為：「所有的問題都包含了溝通問題！」大部分的領導者之所以在溝通上出現問題，是因為說話的語氣有問題。明明是真心為別人好，但語氣很兇，面目很猙獰，把良性的建議講的像是惡意的批評，因此讓團隊產生誤解，對領導能力產生了大大的扣分。不同的人講同一句話卻有不同的結果，那是因為說話的語氣、表情、動作、地點、氛圍、時機都會影響聽者的感受，所以如果你想在溝通上取得成功，要注意的不只是表達內容。

當你想給員工加薪時，請記得有些老闆會在加薪時順口數落員工，這是非常不要不得的行為。明明老闆給了別人錢，別人應該感謝他，卻因為補了幾句數落的話，以至於別人反而會恨他，真的是得不償失。或許老闆別無他意，或許只是刀子嘴豆腐心，但因為溝通出了問題，導致原本能激勵員工的加薪變成對團隊士氣的打擊。

此外，領導者必須要學會得理饒人，什麼是得理饒人？得理不饒人就是當你有道理的時候，你就會把對方辯到倒，爭到贏為止。得理饒人則是雖然你有道理，但是你保持謙虛客氣，當對方自知理虧時，便會適時退讓，心態上也會對你感到服氣，你也能因此得到想要的結果。請務必記得，重要的是結

果，溝通是要雙贏，而不是拚個你死我活，甚至搞到玉石俱焚。
讓對方感到心服口服，能把話聽得進去，這樣子你才是一位合
格的好 CEO。

善良的品德

有時候，我們會在新聞上看到有些建設公司為了節省成
本而偷工減料，最後導致意外發生，鬧出了人命，賠上大量金
錢還損失了商譽，為什麼會這樣呢？因為當負責人在下決策的
時候，眼前只剩利益而忘了做人的品德。所以，領導者在做出
決策或下達指令時，必須先捫心自問：「這是品德高尚的人所
做的事嗎？這是善良的人該做的事嗎？」

孟子說人性本善，每個人的心中其實都有善良的那一面；
荀子說人性本惡，所以要通過品德教育來淨化人心，來改變人
的劣根性。無論是透過人性本善來發揮心中的善，或是透過自
我約束來抑制心中的惡，一位好的領導者都必須維持好自己的
善良品德。當你在下決策的時候，你必須先問過自己，這樣的
決策將會造福鄰里還是會禍國殃民。好的領導者不只要有好
的能力，同時還要有好的品德，而善良的品德則是你在複製
CEO 時不可或缺的一部份！

知惜福會感恩

我很推崇《秘密》這本書，在幾十年前第一次閱讀此書時，一開始我覺得書中內容淺顯易懂，但越看越覺得裡面埋藏著深奧的道理。書中提到有種人想要什麼就能得到什麼，但另一種人卻無法如此，兩種人之間存在著一種決定性的差異，那就是懂不懂得感恩！

當一個人不斷感恩的時候，好運就會降臨。我曾經帶領過一個龐大的團隊，經歷過幾次瓦解的危機。我記得其中一次的瓦解就是因為我不斷抱怨，導致抱怨的內容成真！當時團隊內有不少名女性幹部，那時的我認為她們非常聒噪，喜歡道東家長西家短，到處製造紛爭與衝突，於是我大聲的告訴自己：「這些人煩死了！我再也不要這些人，我要她們通通消失！」結果過了不到一年，這些人果真消失了，我失去了團隊中一大部分的戰力，這就是抱怨所得到的結果。雖然我只是一時的情緒失控，但是上天卻真的給予我回應。潛意識卻運作了數百萬倍的回饋力量，每一句話都有可能產生數百萬倍的回饋力量。

所以，你要列出你的感恩清單，在心情不好或運氣不好的時候將感恩清單拿出來看，看你要感謝誰，把他記下來，去想你為什麼要感謝他，然後付諸行動去感謝他！當你想開始抱怨的時候，請立刻制止自己的行為，並將抱怨的負能量轉為感恩的正能量，那麼你將會擁有無窮的正能量。請將這項行動傳

承給你團隊中每一個人，讓每個人都成為感恩別人的人。一時情緒宣洩所得到的快感並不會持久，就算是復仇成功也會在獲得短暫的快樂後陷入種空虛，只有感恩的力量才會持續長久。

持續性的爆發力

擁有爆發力的人可以達成目標，擁有持續爆發力的人則能持續達成目標。有些人擁有爆發力，可以三天三夜不睡覺，廢寢忘食地不斷拜訪客戶，不斷的研發出新的產品。若你沒有爆發力，碰上突發狀況時可能無法順利度過危機，結果團隊沒了，公司倒閉，所以你必須要擁有爆發力。若你在爆發完畢後，休息一段時間即可再次爆發，如聲波曲線圖般，一波未平，一波又起，這就是持續性的爆發力。

你必須擁有的不只是爆發力，也不只是持續力，而是能夠一直持續爆發的永續爆發力。一位 CEO，在未來還要複製很多位 CEO，如果你的公司本來在中國大陸，想拓展到美國；本來在印度，想拓展到歐洲，那麼你要在短時間持續產生大量績效，引入大量資金，不然快速擴展的公司在缺乏足夠資金下只會快速倒閉，你就只能回家吃老本了。爆發力讓你能在一定時間內達成目標，持續力讓你能維持現有狀態，但因為只有持續的獲利才能夠真正的賺錢，所以持續性的爆發力十分重要。

正向的思考力

有一位年輕人常嚷嚷著要達成登陸月球的目標，但旁邊的路人總是笑他：「你這個年輕人真是不自量力，月球離地球那麼遠，人類怎麼可能登陸月球呢？你不要做夢了！」但年輕人並沒有因此放棄，開始努力地往前奔跑。年輕人在奔跑的過程中看到一台腳踏車，於是他騎上腳踏車，速度變快了。過沒多久後他看到一台汽車，當他坐上汽車後，速度變更快了。當年輕人靠著汽車上了高速公路，來到了機場。年輕人登上了飛機，他的速度不只變得更快，還終於脫離了地表面。雖然年輕人並沒有真正的登上月球，也沒有擺脫路人的嘲笑，但是他離月球越來越近了！或許在不久的將來，飛機降落在太空發射站，年輕人因此能乘上火箭，實現登陸月球的夢想。

當你想要達成一個夢想的時候，有時候你不會知道該如何圓夢，但你可以不斷向前邁進。雖然途中會有人嘲笑你，你也可能無法順利達成，但是你一定能距離夢想越來越近。但是，如果你連動也不動，選擇當一位嘲笑他人的路人，那麼你就只能原地踏步！

身為 CEO 必須要有正向的思考力，以及面對負面情緒的抗壓力。有時雖然無法達成目標，但你還是得帶著團隊繼續前進。這時要保持樂觀，並將這個目標複製給下一位傳承者，這就是 CEO 所必須具備正向的思考力。

1-3

成功最重要的關鍵
在於貴人相助

如果人在一生當中，不管做什麼事都要成功，那麼是否有貴人相助便顯得十分重要。

有些事可能再怎麼努力，一輩子也完成不了，但貴人只要輕輕推你一把，就能夠輕鬆達成。因此，有貴人出手相助可是完成任何事情中最快最好的方法。

何謂貴人

不過，誰是貴人，以及貴人為何要幫助你，這些都是值得探討的議題。在這裡我先幫貴人下個定義：

一、貴人是你經常見面的人

有些人說：「至聖先師孔子是我的貴人，股神巴菲特是我的貴人。」老實說，他們不能算是貴人。他們可能是偉人，是模範，但他們不會經常出現在你的面前，與你互動。我所意指的貴人是能夠經常見面，聊上幾句，在有需要時能夠接觸到的人。

二、貴人在某些方面有著比你更為傑出的專長

貴人總是在有些地方比你更優秀，例如在溝通、演講、銷售、研發，或是某項科學知識領域的專業上具備特殊的才華與能力。這種人在這方面值得你尊敬學習，也可以在你碰上問題時給予你重大的幫助。

三、貴人擁有你缺乏的資源

記得我剛創業沒多久的時候，就有一位老闆帶我去做一套比我當時所穿還貴十倍的西裝，吃比我平時所吃好十倍的餐廳。他帶著我出國，見識中國大陸廣大的市場，美國先進的科

技，這些都是我所知道，我能想到，但沒資源做的事情。

這世界上很多事情，如果沒有人在前方引導你，協助你，那你將不會有接觸的機會。請記得，貴人是你生命中的導遊，是他導覽你，見識各種偉大的事物。因此，我每一年都會帶很多學員到海外，看看世界最頂尖的公司與團隊，讓他們有了與這些精英接觸的機會。

四、貴人能夠激勵你的內心

在創業的過程中，你必須經歷很多來自各方面的挑戰與試煉。當你碰到挫折，開始感到迷惘時，這時候最需要的正是他人的鼓勵。有時候並不一定需要言語上的加油打氣，可能只要聽到他的聲音，看到他的面容就會不自主地感覺到活力。試想一下，在你生命中有沒有夠讓你慷慨激昂，充滿鬥志的人呢？如果有的話，他也是你的貴人。

五、貴人可以是你的伯樂

如果有人可以預見你的未來，看到你的長處，協助你將自己的興趣結合專長，發揮你真正的實力，這種人是你的伯樂，也是你的貴人。有一種人可以幫你在團隊面前，說一些你無法開口的話，協助你做一些不方便做的事，替你打造出領導者的形象，讓大家對你有信心滿滿，這種人也是你的貴人。

在你成為 CEO 的過程中，你需要上述這些人幫助你，也就是我對貴人的重要定義。在你生命中有沒有這樣的貴人呢？如果有的話，你必須要主動積極，不厭其煩地一而再，再而三去尋求他們的幫助，並說服他們來協助、投資自己。找到貴人就如同在汪洋大海抓緊浮木，他可能將成為團隊或公司的救命稻草。

貴人所具備的要素

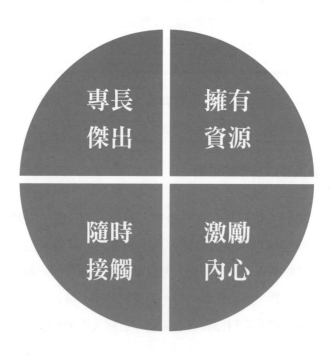

如何讓貴人賞識

　　想一下，當你有求於他人時，他人憑什麼回應你？如果能讓貴人賞識你，幫助你，甚至還願意把你視為接班人，和你建立起親密關係，那可是再好不過。不過，你總得先拿出自己的籌碼：付出。

一、態度

　　我在幾年前想去開發東南亞的市場，幫助更多東南亞地區的學生，但手上卻沒有適合的人選去負責這領域，於是我公開甄選，從我的學生、團隊夥伴裡面去找到有資格、有意願的人。很多人跑來向我爭取這個機會，後來我選了一位女士和我共同合作開發東南亞市場，我看上的她的原因無二：態度。在面對貴人時，態度比能力更為重要。

　　在你開口求人之前，你必須先去思考對方的需求。他需要什麼？想要什麼？你也可以嘗試寫下讓貴人賞識你的一百種理由。我有幾位學生希望我能夠給他一些協助，便寫下一百種值得我幫助他的理由，也成功說服了我。所以，請試想一下，為何你會希望貴人主動來幫助你呢？其實貴人就跟客戶一樣，他們需要一個幫助你的理由，而你則要不斷的自我思索：「我有哪些特點或魅力值得貴人的賞識或協助？」

二、為貴人工作

我曾聽過一種成功法則：一個人在成功前，首先要做的第一件事就是為成功者工作。如果你發現一位貴人，就加入他的公司，代理他的產品，或是協助他推動事業，幫助他做他想做的事，完成他心中的心願或目標。他可能在某些方面比你更傑出，或比你富有非常多倍，但這並不代表他擁有足夠的時間和精力完成自己所有想做的事。

所謂的彈皮球理論，就是你把皮球彈得越用力，它的反彈速度及力量更大。請主動去協助你的貴人，看他需要什麼，不要因為你的能力不及他就打退堂鼓。不管貴人有多厲害，他的一天還是只有二十四小時，還是以只有一具軀體，一顆腦袋能使用。若你能夠主動出擊，替他分擔職務，相對的他可能就會把更多機會讓給你。

三、與貴人合作

除了替貴人工作外，你也可以與貴人合作。當我從台灣來到上海時，我邀請了許多世界級權威一同進入中國大陸市場。與他們相比，我所有的僅只是地利之便，但我知道西方人較不容易進入東方市場，於是我主動提供學費、代理金、講師費與其他雜費，讓他們藉由我所開設的管道進入中國大陸市

場。由於我的主動付出，許多權威與大師願意跟我合作，來到
我主持的會場協助我建立起教育平台機構。

　　記住，你所做的每一件事絕對不是先去要求或談判，而
是先以良好的態度主動付出，讓貴人從你的眼神、舉止、行動
去了解你是一位遵守信用，值得幫助或投資的對象。只要你做
到以上事項，貴人可能就會因此拼了命挺你，幫助你度過各種
難關。

1-4

把教育當成你的
第一副業

不管你做什麼行業，你的工作總是包括教育訓練，所以我鼓勵每一位當老闆，每一位 CEO 都把教育訓練當成自己的第一副業，我稱之為「教育＋」概念！。

「教育＋」概念

什麼是「教育＋」呢？簡單來說，任何行業都可以透過教育進行人員和團隊的複製。我曾經協助過一家杭州的家具公司，他們希望能夠拓展更多連鎖店，於是就邀請我做顧問。我協助他們以教育訓練為名義舉辦一項活動，請他們邀請同業來學習觀摩，並在活動尾聲站臺致詞並發表招募資訊。後來，每次舉辦這種活動時都有人主動成為他的加盟商，這就是「教育＋」！

不管做任何行業，你都可以用教育教人重新做一遍，老闆是最好的老師，你的行業就是教育事業，而賣的產品則是在教育之下衍生出來的附屬品。

在商業行為中，可分成以下三個階段：

　　當你一開始約見客戶時，所用的方法可能是面對他、拜訪他、認識他這種直接接觸的方法，這就是「見山是山，見水是水」。後來，你改用網路、臉書、LINE、IG……等網路宣傳平台吸引客戶親自上門，這就是「見山不是山，見水不是水」，你以間接的方式和客戶接觸。

　　然而，這種方法誰都能辦到，為了確實地抓住客戶，你又得回到以直接接觸的方式。所以，你要透過教育、活動，培養出一批人才並讓他們有能力代替你做一模一樣的事情，這就是所謂的「見山還是山，見水還是水」，也就是「教育＋」的概念！

　　不管你做什麼行業，請把教育當成你的第一副業。不管是任何工作，在任何專業領域，只要加上教育就可以大量複製，因為教育和訓練便足以是改變一個人的思考模式與行為模式。當思考模式與行為模式可以被大量複製，隨時改變的時候，那複製 CEO 不就變成一件隨時可做，非常簡單的事嗎？我常提到：「不管是個人還是企業，都應該要擁有一座商學院。」這是什麼意思呢？

　　任何行業都是教育行業，任何公司都是一間教育訓練公司，任何人都是一位教育培訓老師，你不是在引領你的人生或帶領你的團隊往成功越來越近，就是讓你的個人與企業離成功越來越遠，而這一切的根本關鍵就是教育訓練！因此，如果你

擁有一家公司，那麼你必須設立一個培訓部門，就算初始資源稀少，整個教育訓練單位只有老闆一人也沒關係，但重點是，你必須要擁有一位好老師或與教育訓練培訓公司合作，並把人才送去訓練。

然而，未來你必須要組建自己的教育訓練公司，進而再擴大，甚至成為一座商學院，或是擴編成一間學校，因為你必須長期不斷的引進人才，讓人才接受教育訓練，所以任何企業的成功，其實都是出自於教育訓練的成功。

或許你會表示：「我並不是一位大老闆，我只是一位主管，一位白領階級的小職員。」或是「我開的是間一人公司，只是位做小本生意的傳銷人員。」確實，現代職業百百種，你有可能在任何型態的組織或企業中擔任任何一項職位，但不管你肩上掛著是哪一種頭銜，你都必須擁有一座屬於自己的商學院。

俗話說：「萬丈高樓平地起。」就算是從零開始，也可以在一磚一瓦的搭建下成為一座宏偉的知識殿堂，而最好的起頭，便是找一位能頻繁碰面的導師，與他進行長期合作，共創一間教育訓練公司。不必擔心，合作的初期階段不會需要投入太多人力或資金，只要你熱愛學習，並且讓團隊願意隨你一同持續學習，不斷地去精進就夠了！

　　當我在協助他人或其他團隊組建商學院時，我都會邀請他們先一同合作，把事情外包，讓專業的人負責專業的事，同時在一旁不斷觀摩學習，直到自己也成為一位專業人士。因此，不管你想做什麼行業，只要你想要在人生的各項領域獲得成功，那麼你就必須先教育成功！

　　親子關係的成功就是教育成功，夫妻關係的成功也是教育成功，團隊營運的成功歸功於教育成功，企業經營的成功更是教育成功。因此，我的公司就是一間龐大的教育企業，協助他人建立起百年樹人大業。面對教育，你必須擁有一件縝密的計劃，並且馬上行動，立刻採取執行步驟。教育是百年大計，是最緊急，最重要的事，無論是對於下一代還是團隊，甚至是對於你自己都是如此。所以，你應該把教育當成主要行業，或者是你的第一副業。

Chapter1 整理筆記

章節重點

心得體悟

Chapter 2

人才就是一切

或許大家所需要的人才不盡相同，
但這些人都存在於地球的不同角落。

　　還記得三國時代的劉備嗎？起初他在曹操、孫權兩大勢力之間只能選邊站，長期缺乏逐鹿中原的實力，直到三顧茅廬，竟然找到一位足以改變歷史的偉大人物：諸葛亮。試想一下，如果劉備沒有去找諸葛孔明，那麼三國的歷史又會有怎麼樣的改變呢？你的團隊或公司企業是不是因為缺少一位足以改變歷史的人，才讓你感到有所不滿呢？

　　找對人是企業發展最重要的關鍵，或許你不是融資高手，也不是 IT 高手，更不是談判高手，但重點不是你是哪一項領域的高手，而是你手下擁有哪些高手？課堂上常有學生問我：「該如何改善公司所遭遇的問題？」其關鍵在於他們是否找到能夠解決問題的人。無論是家庭還是事業，公司還是市場，解決問題的重要關鍵就是找到那一位合適人選，如果找錯了人，再怎麼訓練也沒用。在此章節，我將要談談一位合格的 CEO 該如何適時挑選關鍵人才。

2-1

找到人才等於
　找到人才背後的
　　經驗、資源與人脈

無論時代多麼發達，科技多麼進步，就算人類可以輕鬆在宇宙間穿梭，活得比彭祖還長壽，但企業的成功與否依然取決於手中握有的人才。如果能找到對的人才，那你將獲得的成果不只有他的人，還有他累積的經驗、持有的資源，以及擁有的人脈。

人才所持有的經驗、資源與人脈

每個人都有成功的經驗與失敗的經驗,你可以複製他成功的經驗而得以繼續成功,也可以記取他失敗的經驗以避免失敗,所以找到一個人才就等同於取得他過去幾十年所累積下來的經驗。

人才持有的資源為何?很多人出來替他人工作並不是自己沒有能力當老闆,而是對於當老闆這件事沒有興趣,或是不想承擔當老闆的責任。如果你能說服你的人才投資你的團隊,甚至成為你的合夥人,那你將同時獲得一筆可觀的資金與其他外部資源。假設你想要開發外國市場,那你絕對需要招募當地的人才,因為當地的人擁有你所缺乏的在地知識與管道。在我將企業拓展到新國家或地區時,一開始最重要的佈局並不是帶多少原有幹部過去,而是能不能在當地找到合適的人才,建立起可靠的地方人脈。如此這般不只能熟悉當地的市場與客戶,還有可能因此與當地的政府或金融機構建立起關係,這些都是開發新興市場時非常重要的關鍵要素。

那,什麼是人才擁有的人脈?找到一個人才也等同於找到人才背後的人脈,包含他所認識的每一人與這些人認識的所有人。只要你有能力且願意,便可說服他將這些人介紹給你,透過人際關係網路,形成一座強大的人才搜尋平台。

吸引頂尖人才 21 招
三顧茅廬的精神
寬大的胸襟
建立系統化招聘
永不放棄的精神
規劃好人才的舞臺
愛屋及烏的表現
把人才視為老師般尊重
擁有謙虛為懷的美德
精準鎖定目標族群
打開對人才渴望的開關
善用他人轉介紹
規劃好報酬機制
重視人才的為人
一同寫下長期願景
看見人才的優點
建立起私交關係
從小處開始合作
創造共同的願景
從個人開始關心
瞭解人才的需求
為人才安排好退場機制

因此，找到一位人才絕對不只是找到一位可以做事的人，你有可能因此省下數十年的光陰，數百萬的資金，以及獲得成千上萬從表面上所看不到的利益。

把藝術變科學

什麼是藝術？在大眾眼裡，一幅價值百萬的名畫算是藝術，經萬年歲月累積下來的鐘乳石也算是藝術。這些藝術品或是渾然天成，或是精雕細琢，但共同點皆為難以複製，也難以衡量其中的價值，就算能夠模仿，也沒有辦法產生出完全一模一樣的價值。

理所當然的，有些人就像藝術品一樣難以複製。有些人是銷售業務高手，不管賣什麼產品都能夠讓客戶心甘情願地掏腰包，甚至主動幫他免費推廣介紹。或許拿起此書的你正是這種人，或許你認識的朋友，帶領的團隊之中也有這樣的人，但他可能只會單兵作戰，無法將身邊其他人也變得跟他一樣擅長行銷產品。

CEO 最主要的工作就是把不可複製的藝術變成可以重現的科學。什麼是科學？科學有跡可尋，有公式可以複製，在操作變因不變的情況下保持一模一樣的產生結果。身為一位

CEO 就是要把每一個部門都變成一座鑄幣廠，複製出各個部門所需要的人才。許多人擁有良好的個人績效，但他卻沒有辦法讓別人也能跟他一樣，這是因為他沒有能力把藝術變成科學。複製 CEO 的概念就是要把藝術變科學，大量複製產出最優秀的頂尖人才，因為量產才能致富，量大才是致富的關鍵。

量大，是獲得人才的關鍵

有些人可能會好奇：「為何量大是獲得人才的關鍵？」試想一下，如果你想尋找一位曠世奇才，從一百人、一千人、一萬人、十萬人、一百萬人裡面找，從哪一群人裡面比較有機會找到？當然是越多人越好，不是嗎？因此，人的數量越多，接觸面便能越廣，越有可能從中找到需要的人才。

尋找人才是一種漏斗原理，你要把漏斗的上口擴張，讓接觸面變大，相對就有更大的機會找到目標。你可以透過很多的方式擴張漏斗的上口，例如透過親友介紹、同事轉介、人力網站、甚至舉辦招募活動。不僅如此，你還可以把招募人才的管道設計成一套科學化，可以反覆使用的系統。當你在面試時，應廣設部門，開出許多的職缺，就算你一開始並沒有打算在短時間內找那麼多人。就算你實際上不缺人，但大量的職缺才能吸引大量的人才報名，而且說不定你會因此多認識幾位優

秀的人才，讓你改變心意將他們破例錄取。

　　人才的的能力決定公司的發展方向，我從《從優秀到卓越》這一本書學到，不要單憑己見做出決定，而是配合團隊成員的擅長領域去做決定。今天你可能會為了一位成員而開設新的部門，只是為了讓這位絕世天才有座一展長才的舞台。所以，如果你今天只想找兩名員工，那你應該開二十名缺額，吸引兩百人來面試，那麼你就有可能在面試的過程中找到意外的收穫。

　　說不定，在與人交談的過程中，你將會有新的靈感、新的啟發，學習到新的事物，甚至結交到新朋友。搞不好，一位莫逆之交就有搖身一變，變成改變公司重要關鍵。透過這樣的緣分，你可以增加與人才的接觸機會，讓彼此都能為互相創造未來無限可能性。

2-2
從人脈圈裡找出適合的人

在這一節當中，我將會介紹一些從自身人脈圈尋找合適人選的簡單方法。什麼是人脈圈？人脈圈就是你的家人、朋友、親戚、同學，所有你認識的人，也包括你在網路上所有接觸的人。只要一篇文章加幾張照片，就可以找到對你感興趣，你也有興趣的人。在經過過濾後，你會找到一些適合的人選，約他們出來當面聊聊，就能夠知道彼此有沒有緣分繼續走下去。

內舉不避親，外舉不避仇

　　試想一下，團隊所需要的適合的人選說不定就在你的家人、朋友、閨蜜、知己、好兄弟之中，雖然他們不見得是最適合的那一位，但他們很有可能是願意與你一同打拼，上刀山下火海的合適人選。如果你覺得這群人之中真有適合人選的話，你可以先列一份名單，並看著名單好好想想，雖然有人不喜歡將事業帶進家庭，但你也不需要因此先入為主，因為你的重要之人更有可能為了你而成為你的事業夥伴。

　　什麼是外舉不避仇？在一部電視劇《成吉思汗》中，成吉思汗在打了場勝仗後，發現敵方俘虜中有一位名為哲別的神射手。雖然這位神射手在先前的戰爭殺了許多成吉思汗的部下，但他並沒有因此記仇，反而千方百計地邀請這位敵人加入自己的團隊，這就是所謂的外舉不避仇。商場上沒有永遠的朋友，也沒有永遠的敵人，只有永遠的利益。只要你認為有人和你擁有共同的目標，相同的方向，可以一起獲取財富，那你就該和他聊一聊，約出來碰個面，說不定他就是你的諸葛亮。

打虎抓賊親兄弟，作戰還需父子兵

　　當你的公司剛成立沒多久，或是碰到危機狀況，可能面臨倒閉時，這時最有可能向你伸出援手的人就是的你家人或親

友。他們可能和你有血緣關係，可能與你有許多共同回憶，所以當你遭遇困難時，他最有可能因為重視你的個人而幫助你。

　　我非常鼓勵他人在創業時找幾位熟識的人做為合作夥伴，他們對你而言就像是父子兵，他們可以為了挺你而挺你，可以義無反顧，不計成本地和你一起打拼。雖然他們可能會因為過於瞭解你，知道你的底細而不太尊重你，甚至不好帶，甚至不好溝通，但在創業初期，選擇不多時，這群人絕對是你可以信賴的好夥伴！

眾里尋他千百度，那人卻在燈火闌珊處

　　在阿里巴巴集團裡面存在著一個非常著名的例子，就是其中的核心團隊：十八羅漢。當年這批人和馬雲一起打拼，一同過著艱苦的生活，直到了阿里巴巴成了一家大公司，十八羅漢也紛紛出頭。試想一下，如果你的團隊裡面有人知識水準不高，能力也不太好，但他在你創業之初便跟著你一起打天下，和你一起熬過了許多苦日子，就算在團隊瀕臨解散，公司即將倒閉時也對你不離不棄。只是，當公司規模逐漸擴大，步上大型企業軌道後，他開始跟不上公司的腳步，成了一隻學不會新把戲的老狗。

　　然而，阿里巴巴後來雖然請了許多專業人才，但在過了幾年後，專業人才都離開了，留在公司的人卻是當年那些毫不起眼，甚至能力不好的創始股東與創始團隊。從這段故事可以看出，隨著公司成長，或許你會想向外招募專業人才，找到更優秀的人選，讓學歷更高，經驗更豐富的人擔任公司的重要職位，但會這樣想的人絕對不只有你。

　　在我創業時，曾有段時間一直想拓展分公司，因為我的目標是在三年內將一家公司拓展到十家公司，我達成了這個目標。我下一個目標則是在五年內拓展到一百家公司，於是我拼命的從外面招募人才，也開出了不錯的待遇。但是，這些因為待遇而進來的人後來也因為更好的待遇而離開，團隊中幾位元老也因為遭到冷落而走了。過了幾年我回頭一想，原來這些跟著我一同創業的老成員才是我最值得栽培的人，只是我目光如豆，忽略了他們。

　　和你最親近的人會是你最該培養的人，他們的能力或許不夠好，訓練起來不只費力也花時間，但只要你不拋棄他們，他們絕對是你最死忠的團隊成員。或許會有人表示：「如果我花了很多錢培養他們，萬一他們走了怎麼辦？若我精心複製出一位 CEO，他卻自成門戶了那該怎麼辦？」這是一種人性的考驗。其實在這段培養的過程中，你一定能從中有所收穫，並且這是一段相互給予，互相付出的過程，雖然他可能無法一直

待在你身邊，但當你碰上麻煩，岌岌可危的時候，他一定會第一位衝出來幫你重整旗鼓，重振江山的救命恩人。所以，請多關注你身邊的重要夥伴，多花點時間培養栽培他，一起去努力學習，共同成長吧！

志同道合，尋找合作夥伴

除了為團隊尋找適合的人選外，你還需要尋找合作夥伴。對我來說，尋找合作夥伴的重點僅僅四字：志同道合。我通常會先尋找與自己有共識的人，因為有了共識才能夠同頻，同頻之下才能夠共振，共振之後才能夠共贏。因此，我經常舉辦演講，因為在數百人的講堂之中，一定有人非常認同我，而我也能認同他。在演講過後，他可能會成為我的學生，並進一步成為我的合作夥伴，而你也可以通過這樣的方式找到你要的人！

或者，你也能視為團隊尋找適合人選那般，在自己的人脈圈中尋找有機會合作的好夥伴。你可以天天發一些合作文宣，從中過濾出你認為適合的人，和他們碰碰面聊聊天，瞭解這個人到底適不適合一起合作。或者，你也可以邀請他們一起去上堂課或參加一個活動，解此瞭解你們之間的默契有多高。

不知你是否已經察覺到，許多人都是在求學過程中與摯友結交，為什麼？因為那時候生活較單純，大家都有共同的學習方向與理念，當大家都在全心全意地做著同一件事時，便容易產生出共振，也較容易找到頻率與自己較為相近的人。所以，我建議透過共同修課的方式去瞭解眼前的人是否適合成為你的合作夥伴。

2-3
找到一位與你互補的人

你必須找到一位能與你互補的人，並和他一起創立事業，共同打下江山。雖然你和他都不完美，彼此都有缺點與弱點，但只要兩人攜手合作，便能夠把一加一發揮到無限大。

互補的力量

首先你要做的第一件事，就是找到一位可以與你互補的人。如果你很外向，適合在市場做業務行銷，但你就該找一位比較內向的人，幫你負責公司內勤與產品研發。沒有人生下來就是完美，所以才需要找到一位與自己互補的人，共同組成一個完美的圓，圓圓滿滿地朝著未來願景與目標前進。

現在我要你列出以下兩道問題：自己的強項和興趣為何？弱點和討厭的事物又為何？重點不是瞭解自己有哪些強項，而是找到自己難以克服的弱項，並且找到一位能彌補自身弱項的人。因此，找到互補人才是創業時所要做的第一件重要事項。

記得，創業初期最重要的並不是去尋找產品、場地、客戶、技術，而是去尋人才，特別是一位能與你互補的人才。就如同原子彈的原理，單單一顆中子在撞上鈾原子就能引發一連串的連鎖反應，產生超過一萬噸的黃色炸藥所具備的爆炸威力，足以將一整座城市夷為平地。然而，還未撞上鈾原子的中子卻不具備任何威力。想一下，你所需要的人才在哪？那一位能與你互補的人才又在哪？或許短期之內無法尋得，但如果找到了，那便是成就事業的一大里程碑。

三點不共線，共成一平面

　　當你找到一位能與你互補的人才後，接下來還需要再找一位能與你們兩位互補的人，為什麼呢？俗話說：「三點不共線，共成一平面。」這正是公司企業通往成功的關鍵。一家成功的企業必須顧好各方各面，不僅要做好公關、業務，還要做好研發、後勤、產品、法務，財務……等，兩顆核心可能便足以讓公司存活下來，但若想再更上一層樓，那麼就會需要三顆核心協助企業成長茁壯。

　　我記得自己剛創業時，公司的業績一開始並不怎樣，後來找到一位核心夥伴互補，他負責邀請客戶，我負責成交客戶，非常順利的產生出業績。但是，由於缺乏人手做好後勤管理，處理報稅事項，負責法務服務，導致客戶申訴退款，好不容易到手的錢就這樣賠了回去。所以，事業的成功絕對不在於僅僅一人，而是由一隻強大的團隊分工合作，將公司一次又一次的帶往更上一層樓。

2-4

建立招募系統

在先前章節我有提到，你可以把招募人才的管道設計成一套高效率、科學化，並可以持續改良、反覆運用的系統。現在就讓我來談介紹設計招募系統過程中所需注意的幾點重點事項。

第一、仔細安排流程

當你決定要開始招募的那一刻，就要設定好你所要的結果，並從結果去回推每一步驟的安排。假設你決定錄取五名新人，那我建議你至少找五十人來面試；如果你要錄取十名新人，那我建議你至少找一百人面試，因為量大是獲得人才的關鍵。

假設你決定在兩個月後進行面試，那就得在一個月前發布招募資訊，透過公司網站或朋友圈將資訊傳開，或是舉辦演講以吸引適合人選加入你的團隊。記得，每一件事情都需要時間發酵，所以請將每天的流程排出來，確保你能在預定的時間點找到所需要的人才。

第二、廣設職位缺額

如同先前章節所提，你必須在招募時把職位分的很細，把所有相關職位全列出來。例如你想找一位業務人員，就要列出：業務員、銷售員、銷售助理、業務助理、業務主管、業務總監、業務領導、銷售主管、銷售總監、銷售領導的職缺，並透過各種不同的方式讓對這些工作有興趣的人才上門。

當你在尋找人才時，人才也在尋找雇主。你必須站在對方的立場，而不是只站在自己的立場。如果你想吸引對方加入

你的團隊，那你該講對方想聽的話，還是自己想說的話？當然，我並不是要你去巴結對方，而是讓對方對你的企業有所瞭解，進而願意加入你的團隊，和你一同朝未來的願景努力。

第三、集中統一處理

集體面試不只能夠省下時間，還能讓參與面試的人產生出一種競爭的感覺。在競爭意識的驅使下，人往往能激發出自己的潛力，你也較能從中找到適合團隊的優秀人才。請記得，面試時請先把所有人選一同約出來面談，再從中挑選出最優秀的一、兩位進行單獨面試。

以上就是招募系統的三大重點，但其中還有許多細節值得我們繼續鑽研。記住，招募系統的原理就是要把管道擴大，把人數變多，讓你可以從中盡可能地做出挑選，找到你最需要的那一位人才，這就是招聘系統最重要的關鍵。

2-5

尋找十大元帥

當你獲得優秀的人才後，接著便要開始建立核心團隊。企業之間的勝負在於核心團隊的水準，尤其是組織頂端的十人。這十大元帥各自擁有不同領域的專長，而你正是十大元帥的領導者，帶領大家互惠互補、相互合作。雖然十大元帥會依現實狀況有所增減，但只要不斷維持十大元帥的核心圈，就能讓大家不只是事業夥伴，還擁有真正情感的莫逆之交！

打造夢幻團隊

有句話說：「好朋友不見得是好的事業夥伴，但好的事業夥伴通常也會是好朋友。」因為你與事業夥伴的相處時間有時甚至會比家人更為長久。請你現在列出一份名單，將團隊中的十位核心人物全寫下來，想一下他們的專長和弱項是什麼？請記得把他們當成家人，人生當中最重要的摯友般對待。

在我二十幾歲的時候，我的團隊成了一家公司的其中一家代理商。當時那家公司的老闆是我的貴人。經過一段時間後，由於那家公司出了些狀況，導致其他代理商紛紛退出，我的團隊也就因此順理成章地成為那家公司的獨家總代理。當時很多親友問我：「其他代理商都退出、都走了，你為什麼還敢繼續幫他們代理呢？」

當你創立一份事業的時候，你就是一位獨掌大局的CEO，你必須做出決策並堅守立場，就算有時候，你最親近的人可能成為你最大的阻力。那些勸我一同撤出代理的親友當中，有幾位是與我關係密切的長輩與家人，雖然他們所提供的建議在我眼裡不見得正確，他們是打從內心地希望我不會因錯估市場而賠錢。但是，通常也正是因為這份「為你好」斷送了你的前途，讓你喪失了許多嘗試的機會。如果你是位合格的CEO，你要勇敢地向他們說：「不！」

　　十大元帥不只能幫你做事，你們之間也能互相鼓勵、互相激勵，創造出一種堅定不移的立場，讓大家都能勇敢地朝目標邁進。每個人都是一個支點，一群人就足以撐起一片天，想想你要如何建立起自己的企業王國，從現在起列出一份名單，大膽地去尋找你的十大元帥吧！

緊抓核心人物

　　無論時代多麼發達，科技多麼進步，就算人類可以輕鬆在宇宙間穿梭，活得比彭祖還長壽，但企業的成功與否依然取決於手中握有的人才。我記得以前到微軟、Google、Facebook……等國際龍頭企業參觀的時候，他們都向我表示：「我們正在徵求人才！」當時我很好奇，心想著：「這麼優秀的高科技公司怎麼還會缺少人才呢？」

　　或許在未來的幾十年後，所有的行業都被創設完畢，但這不代表著很多人都會因此失業，而是優秀人才將會被更多人爭奪。也就是說，優秀的人才將具有更多工作機會，但其餘的人將失去所有生財之道，包括創業。如果市面上只剩優秀的公司得以生存，普通的公司將面臨倒閉，公司的領導者與 CEO 就該想辦法緊緊抓住優秀人才，讓公司能夠晉升或維持在優秀企業的行列之中。

什麼是緊緊抓住？一旦有問題馬上溝通，一旦有衝突立刻協調，一旦出現離職危機，馬上把所時間、精力、金錢投注在挽留人才，甚至不惜犧牲自己的利益。如果你的團隊中有這種核心人物，就算賠上整家公司也要把他留在身邊，就像對待家人，對待應一半那般重視，用生命緊緊的抓住這個人。

天下無不散的宴席

「柔弱的時候要堅強，迷惑的時候要明智，恐懼的時候要勇敢，抓不住的就要放手。」這是 1994 年香港電影《天與地》的著名台詞。尤其是最後一句：「抓不住的就要放手。」天下無不散的宴席，就算你再努力，再拼命，最終仍不得不面對曲終人散的那一刻。

我曾在前面的篇幅提到，你要緊緊抓住不能流失的名單，用生命來捍衛十大元帥，用一生打造你的核心團隊，你必須具備這樣的信念，堅持這樣的努力，但如果當你已經將生命燃燒殆盡，堅持到最後一刻，仍然沒有辦法留住你的人才，維持你的團隊，那麼你就該學習接受失敗，學會坦然放棄。我必須要提醒你，如果有人離開團隊，不管是因為任何原因，也不要和他們撕破臉，更不要被失去成員的情緒所影響。

　　《天與地》的主角張一鵬為了打擊毒品而犧牲了一切，換來的卻是一句：「對不起，是你生不逢時。」死於上司的背叛。就像沒有人能夠永遠成功，沒有人可以逃離死亡，總有一天你也會碰上努力所無法改變的事實。當你感覺到緣分已盡，那就只能選擇放手，求個好聚好散。不過，請不要因此感到失落或難過，《三國演義》記載：「合久必分，分久必合。」說不定未來還有的是機會，就算真的無緣再度共事，他也可能成為你和下一位適合人選結識的契機。

　　身為一位 CEO，不管經歷任何大風大浪都要堅強的走下去，因為接下來可能還會有新的人才，新的機會等著你去挖掘。天下無不散的宴席，但未來有的是機會，你不只要抱有這樣的心態，還要讓你的團隊都能抱持這樣的心情。複製 CEO 所複製的不只是技巧，還有心態、決心與勇氣。

輔導三代團隊

　　你聽過「隔代親」這項概念嗎？無論父母與子女關係如何，祖父母與孫子的關係可能更加親近，這就是所謂的隔代親。或許正是因為隔了一代，彼此之間較不熟悉，結果反而更容易養育。家庭是如此，團隊之間可能也是如此，所以當你在帶團隊的時候，如果可以讓團隊之間互相輔導協助，那麼每一組團隊都將更加穩固！

　　這幾十年下來我帶過非常多的團隊，也帶死了許多團隊。以前的我身上有許多缺點，但我完全沒有自覺，以至於等到人離開後，我才知道原來他們對我有這樣的感覺。人總是會有盲點，領導者也會有自己看不見的缺點，所以你會需要不同團隊互相監督輔導，因為每組團隊都有自己所看不見的盲點。

　　我記得我在看《康熙王朝》這部電視劇時，我非常佩服康熙的祖母：孝莊太后。每當康熙碰上重大危機或是做錯事的時候，孝莊太后都會出面處理。當康熙在剷除鰲拜時，孝莊太后暗中幫了她很多忙；當康熙平三藩做錯決策時，孝莊太后出來幫他安撫群臣並承擔責任，讓康熙保有顏面，也有了台階，這些都是隔代輔導的好例子！

　　在帝王學中如此，在團隊管理之中也是如此。你可以尋找一位資歷比你豐富的人，讓他有機會監督你或接觸你的團隊。我有許多弟子分布在世界各地，他們可能比我富有，或是擁有比我高的成就，但有時候他們還是會向我尋求幫助。在某一些方面，我可以給予他們一些協助或建議，甚至幫他與團隊溝通。在我輔導企業，做顧問諮詢方案的時候，有些話老闆不方便講，就是要找我來替他傳達給團隊成員，以上都是隔代輔導，輔導三代的重要的理由。請記得，如果每組團隊都能隔代輔導，你的團隊就會越來越穩固！

做大事必先培養接班人

　　台塑集團創辦人王永慶先生在過世前曾花了幾十年的時間籌備接班人，後來打造出七人小組，才使得台塑集團在他退休後仍屹立不搖並再創新高。康熙為了培養接班人，不只培養了雍正，還培養出了乾隆，其格局之大深謀遠慮。

　　身為一位 CEO 的你必須知道：格局決定佈局，佈局決定結局。不管你的公司大還是小，員工是多是少，一開始在培養團隊的時候就要有複製 CEO 的概念，而不是在自己成為 CEO 後才開始想培養 CEO。做大事者必先培養接班人，所以不管你在做什麼事，都該先問自己：「如果我不在了，誰能夠代替我完成這件事？」當你以終為始，從結果推論過程，那麼你的做法將會有所不同，將會更加完整，完備與具有韌性。

　　或許有人會表示：「我的公司還沒有那麼大，所以不需要考慮接班問題！」但正因為公司還沒有那麼大，成員還年輕，才有充足的時間面對接班問題，也才有動力長期經營公司，打造出世代傳承的龐大企業體系。天有不測風雲，人有旦夕禍福，如果你不替未來多做準備，你的團隊將難以承受迎面而來的大風大浪。

2-6

建立營運系統

當你尋找到合適的人才，建立起核心團隊後，下一步便是建設營運團隊所依賴的系統。雖然我們難以避免團隊人員的更替，但系統將永遠與公司一同進退。鑒於有些讀者對於「系統」一詞可能不太熟悉，在此我將列出自己對於系統的四大定義。

步驟、流程、公式、方法

系統的四大定義分別為：步驟、流程、公式、方法，這四點是我們在設計系統時，將它科學化的重點要素。

什麼是步驟？步驟就是1、2、3、4、5、6，不管做任何事，只要能夠知道第1點要做什麼，第2點做什麼，第3、4、5、6點要做什麼就能夠開始，有開始就有繼續，有繼續就有結果，雖然結果可能會不如預期，但如果不動手開始，那永遠不會有結果。

什麼是流程？如果做了A，會產生B的結果，所以如果你想要產生B的結果，那麼你就去做出A的行為以產生B的結果。也就是說，你要知道現在做什麼，就會產生什麼結果，而且重複相同的動作就會產生相似的結果。

什麼是公式？就如同數學上的梯形公式，梯形的面積為：上底加下底，乘以高再除以二，就會得到你所要的結果。因此，只要知道過程與結果，就可以運用公式得到你想要的結果。

什麼是方法？此處所指的方法可以分為三個部分：陸軍、海軍、空軍。做任何事都要有這三度空間的立體思維，陸軍是地面上的實際作戰；海軍就是透過會議營銷和招商會議增加自身戰力；空軍則是透過網路媒體進行宣傳和行銷。

從知道步驟到安排流程，再從中得出公式與最佳方法，不管事任何事情都可以得到你所要的結果！

從步驟到公式的歸納推演

步驟	1、2、3、4、5、6 也就是第一步驟是什麼？第二步驟是什麼？第三步驟是什麼？第四步驟是什麼？第五步驟是什麼？第六步驟是什麼？
流程	若做了 A 會產生 B 的結果。
公式	照做就會產生類似的結果。
方法	陸、海、空戰略戰術，A、B、C 方案與備胎方案。

標準化

唯有標準化才能複製，唯有複製才能量大，而量大才是致富的關鍵。如果你想要致富，那就請記住這三個字：標準化。標準化又稱做S.O.P.，是 Standard Operation Process 的縮寫，也就是標準作業流程。不管事任何事，你都必須要有標準作業流程。

舉例來說，你有一個銷售團隊的部門，那麼你必須要有標準的作業流程，例如：

步驟	SOP 標準作業流程
一	找出公司中業績最好的銷售員
二	將他銷售時的話全部進行錄音
三	將錄音紀錄成文字檔，整理後製成講義
四	將講義傳給全體員工，並請他上台教學
五	請他帶領全體員工進行練習，增加銷售力
六	設定考核，並設法讓每位員工都能通過
七	將當前的版本修改成更適合的版本
八	三個月後再次執行上述流程，形成循環
九	持續循環，不斷改良，製成最佳的銷售課程

　　這是一種把銷售方式標準化的流程，其實還有很多事項都可以標準化。在先前章節我曾提到，把藝術變科學就是這樣。如果你能夠把難以定義或測量的事項標準化，那你便可以將他人無法複製的事物大量生產。從現在起，問問你自己：「我現在所做的每一件事，哪一件事情能夠標準化？能不能制定出步驟，設定好流程，套用出公式，設計出方法？」

2-7

開始複製團隊

造就成功有許多種因素，而這些因素都與一種元素脫離不了關係：數量。當你有了一組成功的團隊，接下來要做的事情就是複製你的團隊以擴大你的成功，讓你的公司能有更多發展的空間。記住，第一步總是最為艱辛，但當你跨過這道高牆後，將能獲得比先前更為甜美的成果，以下是我在複製團隊時常使用的方法。

朝會與夕會

人在一天當中可能會碰到許多挫折，尤其是在最前線工作的部門成員。業務部門可能會遭到客戶拒絕，客服部門可能會收到用戶抱怨，一整天下來很容易產生許多負面的想法，喪失了工作的熱忱與動力。因此，在上、下班之前所須做的重要事項就是去激勵團隊。你可以在早上開始工作前透過朝會為團隊加油打氣，晚上下班前利用夕會感謝團隊這一整天下來的努力與貢獻，這些舉動不會占用太多時間，但卻能為團隊帶來極大的士氣提升。

除了用於提升士氣，你也可以將團隊的長期目標按時間切割成好幾等分，每天定時向團隊報告預期計畫與實際進度，並告訴大家今日工作的重要事項。我記得自己曾在團隊內推行一種方法：每天晚上睡覺前，寫下隔天要做的六件事，並在早上開會的時候提出來和大家互相討論。身為團隊的 CEO，你可以在每一位成員提出時給予指正或鼓勵，讓他們的每一天都能把工作效率極大化。這時也可以讓該項工作表現比較好的成員向大家分享自己的方法與成果，藉此讓大家互相學習，彼此加油打氣。

有時候，兩個人的最大差別就在於他們在二十四小時內做了哪些不一樣的事，同樣的，兩個團隊的最大差別也在於二十四小時內，這兩組團隊分別做了哪些不同的事情！身為一

位 CEO，你的責任就是去帶領團隊從事最有效率的行動，將每天從早到晚所做的事發揮出最大的效益，這就是 CEO 領導者該做的工作！如果你想知道團隊今年的狀況好不好，就去看團隊每天所做的事，因為這些事情將反映經年累月多年下來團隊所積累的成果。

PK 系統

適度的緊張感可以讓人戰戰兢兢，適度的挑戰性可以激發出人的潛能，適度的危機感則可以讓人不輕言放棄。透過階段性業績結算及結果考核，比較出團隊中的傑出優秀者並給予獎勵或懲罰，這就是所謂的 PK 系統。

以下為幾種 PK 系統類型：

PK 系統類型
分組競爭
項目成績
個人業績排名
累積顧客數量
舉辦競賽活動
年度考核成績評比

你可以隨時更換使用的 PK 系統，但請記得一定要公開宣傳與表揚。如果你在許多國家或城市擁有不同團隊或分公司，也可以進行線上跨區比賽，以每年、每季、每月做為不同階段，從中找出最優秀的分公司與團隊。

線上會議系統

現代生活步調緊湊，每個人都有各自的業務要忙，各自的客戶要拜訪，若沒有事前做好安排，想要聚在一起開會可說是相當不容易。不過，商場上瞬息萬變，臨時性會議對許多人而言乃是家常便飯。為了能隨時與團隊成員聯繫，便須要透過線上通訊程式。然而，僅只是保有通訊手段並不等於建立起線上會議系統。

除了善用通訊軟體，你還必須建立起群組並做好群組管理，將不同群組分門別類設定。假設你有十個群組，其中三個是你的私人群組，三個是客戶群組，剩下四個是公司群組，那你就要把這十個群組分成三類，並將重要的群組頂置在最上方，甚至設定不同的提醒方式，讓你不會錯過任何重要訊息。

你可以隨時在群組中發佈資訊，不斷地發佈你想傳達的信息，想辦法讓這些群組保持活絡，養成群組內每一位成員隨時回報的習慣。你也可以不時舉辦線上小型語音會議，或做為

朝會夕會的輔助工具，都可以讓團隊時時刻刻感受到你在他的旁邊！

當然，你也必須適度讓他們自由發揮，並隨時在旁進行監督指導。在複製 CEO 之前，你要養育小孩般照顧他們。記住，複製 CEO 是段沒有結束的過程，永遠會有新的人進來加入你的團隊。你要告訴自己，這雖然是一種負荷，但也是種甜蜜的負荷。

鼓勵員工成為合夥人

在未來的世界裡，老闆與員工的界線將越來越模糊。以前當老闆要土地、資源、資金與人脈，沒有上述條件的人就只能當員工，這是傳統的雇傭方式。然而，現代環境大幅改變，許多人都搖身一變成了「合夥人」。

什麼是合夥人？合夥人其實就像老闆一樣提供金錢、產品、服務，但是他所有的服務內容可能都是由他人提供，而他只是從中經手。在這個時代，如果你想要成為老闆，可以找人一同合作，透過資源的整合與交換以獲取更多的利潤報酬，同時享有更多自主性與自由。

在我的公司裡面有許多人同時負責好幾個不同項目的業務，他們在過去只做一份工作，領一份死薪水，過著日復一日

的單調生活。我建議大家不要安逸於固定薪資的生活，雖然一份穩定的薪水比較能帶給你安全感，但你怎麼知道自己在退休前不會被解雇呢？若不幸失業，你還能找到事業的第二春嗎？想一下，在瞬息萬變的大環境下，你是被人需要的一方，還是需要別人的一方？

當你是老闆或合夥人時，你可以隨時改變合作夥伴以尋求新商機；當你是一名員工，你只能不斷發展第二專長以避免被市場淘汰。在我的公司裡，有人本來只是一位攝影師，負責幫忙拍照錄影，但是他後來轉型成合作夥伴，以場次和輸出成品來計算他的酬勞。現在他不只能接公司以外的工作，我還可以幫他接單，讓公司的客戶同時成為他的客戶。

員工教育從複製 CEO 做起

如果你的公司有財務部門，那薪水的支付是否能以公司業績分紅取代員工薪資呢？這樣做不但能降低固定成本，還可以激勵他們努力提高工作效率，創下更好的業績以爭取更多收入。身為一位 CEO，你應該想辦法讓各部門都能以合夥關係取代雇傭關係。如此一來，老闆能降低公司經營的風險，對於員工而言則是增加收入的機會。

在未來的時代裡，老闆與員工的界線將越來越模糊，任何有能力的優秀人才都有可能搖身一變，成為一位老闆。問問你自己，在此之前是否要先將他搶下，讓他成為你的合夥人呢？當你看到一位人才，就要開始用複製 CEO 的方式來培養他，將他視為你的合夥人或接班人，以付出和情感將他綁在你身邊，縱使他在日後遠遠比你優秀，對你來說還是有所利益。

問問自己：「我有沒有在複製人才？有沒有在複製 CEO ？有沒有在找合作夥伴？有沒有在培養未來的接班人？」請你列出一份名單，記錄下你目前的重要合作夥伴，核心團隊的成員，然後重新思考：如果你要複製 CEO，你該如何與這些人相處溝通？

Chapter2 整理筆記

章節重點

心得體悟

Chapter 3

陸海空商戰思維

先由空軍過濾客戶，再以陸軍邀約客戶，最後使用
海軍成交客戶，這便是商業戰場上的致勝戰略。

　　什麼是陸海空商戰思維？顧名思義，就是模擬打
仗時，陸軍是在地面上的部隊，海軍就是在海中的艦
隊，空軍則是在空中翱翔的軍隊。當我們把戰爭策略
套用在商業領域時，若要打贏一場商業戰爭，便須熟
練地運用每一種部隊。記住，戰爭的勝負關鍵在於補
給，商業戰爭持續的時間也並非只有幾個月，除了要
有陸海空立體的思維，進行協同作戰以確保戰果，必
要時還得使用殺手鐧，在關鍵時刻逆轉整個局勢。

　　商業戰爭的陸軍為銷售團隊，其中包含合夥團
隊、代理團隊、兼職團隊、協作團隊與線上團隊。海
軍則是透過舉辦招商會議與營銷活動，吸引消費者、
投資客與人才，進一步擴張團隊的資金、資源與人
才，進而壯大整體實力。不用多說，空軍是指網路管
道，藉由精準行銷與嚴密鎖定，替陸軍尋找出一個有
效的進攻點，讓每一次的進攻都能有所收穫。

3-1

商戰空軍系統：
網路宣傳行銷

如果你是一位 CEO，你一定要嘗試網路空戰策略，它能讓你的團隊遭遇客戶拒絕的機率降低，減少團隊的挫折。自然也會降低團隊陣亡率與流失率，這就是空軍系統商戰的好處。在接下來的篇幅中，我將進行一些常見網路社群平台和通訊軟體的介紹。

空軍系統的演變

在數十年前，如果要做開發市場，要先到路上掃街，挨家挨戶按門鈴，去路邊招攬客戶才有機會將商品賣出去。在行銷之前，我得先產出一批商品，才能夠進行產品的宣傳與銷售。不知道各位是否曾穿越過老舊住宅區？幾乎每一戶的大門都佈滿了密密麻麻的釘針和各種膠帶痕跡，不知道上面曾被貼了幾千、幾萬張的廣告傳單？然而，那些都已經是過去式了。

曾經也有一段時間，市面上流行透過電話進行銷售，現在台灣選舉期間依然可見的電話民調正是當時電話行銷曾經興盛的附屬產物，但在網路時代的來臨與智慧手機的普及下，手機通訊軟體已經成了宣傳行銷最重要的途徑。我從十多年前便開始發展網路宣傳行銷，透過當時興起的 Facebook 建立起自己的網路社群媒體。在智慧型手機逐漸普及後，我利用當時新出通訊軟體例如：Line、微信來打造自己的線上即時團隊。

我在公司裡成立了許多新媒體營銷部門，裡面分成許多小組，各自負責經營不同平台的網路社群。假設一個部門中有一百名成員，其中二十名經營 Facebook，另外二十名經營 Youtube，還有二十名經營 Line，剩下四十名則分別經營微信與抖音，藉由大量的宣傳行銷讓客戶知道產品的存在，主動和我們展開聯絡。

　　每一種通訊軟體，每一座網路平台都是一塊池塘，選對池塘就能釣到裡面的客戶，因此通過新媒體營銷精準吸引客戶已經是現代行銷十分重要的工具。

Facebook

　　Facebook 是一座源自於美國的網路社教媒體網站，許多人透過它認識並結交新朋友，經營自己的人際網路。你可以在 Facebook 建立起團隊或公司的粉絲團，透過公共主頁或粉絲專頁透過建立一個自己的頻道，不斷的在上面進行宣傳行銷。當然，你也可以以私人身分經營 Facebook，讓他人先成為你的好朋友，進而博取他們的信任。當你是真心關懷他人，推薦他人有價值的產品時，那麼別人也會信任你，進而相信你所推薦的產品。

YouTube

　　你是否聽過有一種行業叫 YouTuber ？ YouTuber 是一種在網路上工作的職業。許多 YouTuber 透過拍影片或直播實況，將這些產品上傳到 YouTube 的平台上。他們或許藉此賺取廣廣告費，或許幫廠商進行宣傳代言，進而將流量轉化為金錢。而你也可以利用 YouTube，將產品的宣傳影片上傳到網

路上，也可以拍一些互動式短片吸引觀眾成為你的忠實粉絲。當他們對你的個人抱持著好感時，自然也會更願意在你的產品上消費。

Line、WhatsApp、微信

在過去還沒有手機通訊軟體的時代，我相信沒有人能想像除了電話之外，還有不同管道可以聯絡、通話、留言，甚至進行遠距離會議。這類通訊軟體最強大的是它的群組功能，曾經有人透過 Line 揪團購，透過微信進行小本生意，靠著當盤商就成了億萬富翁，雖然這種事情現在已難以複製，但你還是可以藉由這些軟體緊緊維繫住你的團隊與客戶。

在廣告宣傳氾濫的時代下，你難以直接將產品推銷給陌生客戶，因為當他們看到宣傳與廣告時，心裡想的卻是貪婪無度的公司正想吸取他們的錢財。因此，你應該秉持著交友的心去認識陌生客戶，讓他們感受到你的真心，不斷地去積累信任，直到他們感受到你的真誠，願意因為你的個人而購買你的產品。

微博

依我在中國大陸二十幾年的經驗，許多人喜歡透過微博發表一些對於周遭事物的評論或觀點，或是寫下一些生活趣事與故事以自娛娛人，其中有些人登上了人氣排行榜，成了網路上的另一類權威。在這個時代，每個人都可以透過自媒體的宣傳成為一位作家、專家、明星、老師。在微博的大海裡充滿了各式各樣的海洋生物，只要持續辛勤灑網，總有一天一定能滿載而歸！

抖音

在這個大衝鋒時代，每一個人都過得非常忙碌，甚至沒有時間坐下來看一段文字或影片，抖音這樣的短視頻平台便因此孕育而生。抖音的一支影片雖然只有十幾秒到幾十秒，但如果運用得當，長久下來也能夠累積一大批觀眾。

我有一位學生，他天天帶著團隊在公司的舞蹈教室拍攝短視頻，讓觀眾瞭解他的公司是如何培養舞蹈老師。由於他在拍攝與剪接方面非常專業，能在影片播出的短短幾十秒內就吸引住觀眾的目光，在經過幾個月的積累之後，竟然就因此獲得了許多學生，舞蹈教室也越也越開越多！

假如你在賣菜刀，你可以結合做菜影片來推銷你的菜刀；假如你在賣樂器，你可以把音樂表演上傳到短視頻平台上。透過這種短視頻平台，短短的十幾秒就足以讓你將自己推銷給觀眾，只要有人因此對你感到興趣，那麼你就有機會獲得額外的客戶！

荔枝 FM 及其他軟體

除了上述網路平台與通訊軟體，你還有非常多的選擇，或許它們在市場上並非主流，但上面的用戶都有可能是你的潛在客戶。例如，有聲資料庫軟體：喜馬拉雅 FM，你可以將這軟體當成一本有聲書，也可以透過此軟體錄音並傳給你的朋友，進而結交一大群新朋友與潛在客戶。你可以尋找並下載一款語音直播軟體：荔枝 FM，並搜尋 630256 頻道，我在這頻道中錄製下近上千段的短時數演講，累積的觀看人數至今已經有幾百萬人，其中有人因此對我感到好奇，想加入我的團隊，或是想要來報名我主講的課程。

這些都是商戰空軍系統的管道與方法，你可以通過這些工具來達到你想要的目標，或是尋找你所處的地區或國家中，有哪些類似的主流自媒體平台或軟體。過去的宣傳行銷十分依

賴實體店面，但現在只要透過網路便能夠進行銷售。請記得持續更新，保持宣傳的熱度，你就能從這些累積當中慢慢產生出結果！

3-2

商戰陸軍系統：
線上線下銷售執行團隊

無論你做什麼生意，負責哪些業務，我都強烈建議你一定要擁有自己的團隊。或許你早已習慣單打獨鬥，甚認為只靠自己也可以獲得不錯的收穫與成果，但如果你想要擴展事業規模，或是讓自己在工作時更加輕鬆，甚至在碰上意外時也能有人接手未完成的工作，那你便該培養出自己的團隊。

銷售團隊

有人可能會表示:「我負責的不是前線業務,不需要涉及銷售啊!」確實,過去可能會有客戶主動上門,可能會有其他團隊成員替你處理好行銷的業務,但這樣的情況在在現今時代已有所不同。或許你可能會因為沒有行銷能力而被時代淘汰,但更有可能的是,因為你沒有嘗試過行銷,而忽略了銷售團隊所能帶給你的好處。其實,擁有銷售團隊將會大幅增加你的業績,替你創造更大的利益!

如果你擁有自己的銷售團隊,就可以自由地掌控現金流。假設你現在還沒有銷售團隊,你應該擬定一個長期計畫,建立並逐年擴充你的銷售團隊。你可以計畫在第一年將團隊人數設定在十人,第二年三十人,第三年一百人。由於團隊建立初期的日子總是最為困難,不僅缺乏資源且變數不斷,所以你不必將目標訂得太大,但一定要能穩住團隊。當你的銷售團隊成熟後,就可以讓這些團隊成員替你帶來大筆收穫。

商場上最重要的就是建立陸軍團隊,陸軍團隊中最重要的就是建立銷售團隊。建立銷售團隊有兩個好方法:透過學習與進行招募。你可以透過舉辦教育培訓課程,找到對學習有熱情,對銷售有熱忱,頻率與你相同或相近的人,並將他拉進來你的團隊。或是透過先前章節所介紹的招募系統,從大量的人選中挑選出最符合你需要的人才。

合夥人團隊

　　我先前章節曾稍微提過，其實所謂的合夥人團隊就是有錢出錢，有力出力，每個人各出一部分自己所擁有的資源，運用資源整合將一加一化成無限大。舉例而言，如果你擁有一家好公司，擁有好的產品，卻沒有好的行銷模式和客戶名單，你可以透過舉辦招商會議或交流座談會，吸引沒有公司，沒有產品的行銷經理人，並透過他們的行銷管道和客戶名單進行銷售。

　　試想一下，你的公司有沒有類似的合夥人模式，可以為你提供更多資金、增加產品產量、擴充銷售管道呢？或許你身上並沒有什麼資源，人脈也不算廣大，但只要你願意努力，說不定也會有一家好公司願意透過這種方式與你合作。合夥人團隊的合作方式雖然較缺乏約束性，但對所有人也較為自由，也能降低彼此的風險。

　　試著讓公司定期舉辦合夥人相關活動，或是定期舉辦合夥人招募、培訓與聯誼交流。如果你可以把合夥人當成是真正重要的股東，那麼你們將不只共同合作，更有機會共同投資，甚至共同擴大市場，共創合夥企業。因此，我強烈建議你從現在開始建立合夥人團隊。

　　如同我前面在先前章節所提到，在未來的時代裡，老闆與員工的界線將越來越模糊，如果你只想找一位員工，那麼你將有可能無才可用。因此，我建議你每個月固定舉辦一次合夥人訓練，從中找到你的潛在合夥人並凝聚向心力，使他在未來的眾多條道路中依然選擇與你合作。當雙方地位對等，沒有上下之分或契約約束時，最重要的就是彼此的信任，如此一來才能讓合夥人團隊的缺點降到最低，進而發揮最大效用。

合作代理團隊

　　合作代理團隊又可稱為從總經銷、區經銷、代理商、加盟商。這些代理團隊透過繳納一定的代理加盟金，從總公司獲得產品、材料、技術、系統……等資源。在這種合作方式中，由於要繳納代理金，可以視為一種過濾合作對象的機制。身為總部 CEO 的你，可以採取賺取固定金額的加盟金並單純輸出技術，或者是不賺取加盟金但與加盟者共同分配利潤，或是從輸出原物料來賺取利潤。這個合作模式中，除了擁有專業技術以提供輸出外，最重要的還是教育訓練。

　　與合夥人不同的是，由於代理商繳交了代理費，便理所當然地期望能獲得相應的技術與支援，若總部假設無法達成代理商的期望或滿足其需求，那麼這些合作關係可能都無法長久。除此之外，當代理商在遭遇困難或挫折時，他們較容易傾

向將問題反應給總部，冀望總部替他們解危而非自行設法解決。因此，在教育過程中你必須確實訓練他們的心態與技巧，並確保他們清楚認知自己與總部之間為合作關係而非雇傭關係。

兼職團隊

我認為，世界上最好的業務員總是來自於客戶。如果客戶對你的產品非常有信心，而且他真的有親身體驗過，那麼他的推銷會以分享的方式進行，得到的效果也往往最佳。除了客戶與公司之間並無直接的利益關係外，他們往往也是對產品要求最高的一群人，如果連他們都能肯定你的產品，那其他客戶自然沒有不買單的理由。

然而，客戶並不會因此放棄自己本來的工作，他們只會利用自己的空檔，向親朋好友做一些簡單的推廣。因此，如果你能夠制定出一套回饋客戶的方法，給他們更多誘因替你行銷，那麼就是讓客戶轉為兼職人員，成為公司旗下銷售大軍最好的方法。

有時候，回饋機制不需要用到實體金錢，你也可以使用產品優惠券或兌換券作以鼓勵客戶幫你銷售。我曾經協助過一家海外房地產公司，他們經常舉辦音樂會、舞會、晚會以增加

客戶的信賴感和提升客戶服務。後來我協助他們在這些活動中插入回饋活動與演講，邀請有興趣合作的客戶參與公司的營運與計畫。久而久之，一部分的客戶就成了我們的合作對象，他們就是我們的兼職團隊！

協作團隊

不知道你有沒有碰過臨時需要人手卻找不到的狀況？協作團隊便是為了對應這種狀況而組織出來的團隊。任何人都有可能成為你的協作團隊，例如像是你的家人、親戚、朋友，甚至是不久前才認識的點頭之交。

為了應付突發狀況，你必須隨時保持手邊握有一份備用人員名單，名單的來源可能有千百種，有時甚至超乎你的想像。其實，只要你在認識的時候覺得他是一位不錯的對象，就可以留下他的電話，說不定他就是你未來的代理商、合夥人、團隊核心甚至是另一半，天底下什麼事情都有可能。如果人數依然不夠，那請趕快透過各種聯絡方式補足，就算是透過網路也行。當然，可以的話還是以當面會談為優先，因為不管是任何合作模式，人還是最重要的關鍵！

線上團隊

當你組織了一個線上群組，裡面可能會有上百甚至上千人，有些組員你可能認識，有些則是認識的組員拉進來的陌生人。不管如何，建立群組之初便要訂立明確規則，並嚴格執行規定，你的目的是建立一個有共同方向或目標，一同努力打拼的群族，而不是一個目標不明確，充斥著早安文與宣傳行銷的廣告群。

在訂出明確的目標與規範後，你便可以嘗試在群中尋找志同道合或頻率相近的朋友。看看平時誰比較常與你保持聯繫，聊天過程中較容易產生共識或共鳴，這些人可能是你潛在的合作夥伴或團隊成員，在經過多次過濾後便可嘗試將他們約出來碰面深談。

當你有許多的群組時，試著把這些群裡的核心人物挑出來，組成一個核心群，這些人將會是你的線上團隊。當你有許多線上團隊的時候，你就有擁有一股真正的粉絲流。在這個時代下，線上團隊與線下團隊有時候可以彼此互通，你可以透過線下活動讓兩者交互作用，進而促使你的團隊更加穩固。

3-3

商戰海軍系統：
　會議營銷（招商會議）

身為一位 CEO，必須要有統籌招商大會的能力，透過會議營銷為公司帶進好幾桶金。在海軍系統中，你要規劃好一年三百六十五天所舉辦的每一場會議，並想辦法讓會議都能盡善盡美。近二十年來，我在全世界各地舉辦過各種大型活動，這些活動表面上看似演講或教育訓練，但其實卻是以串聯資源、人脈、產品或增加團隊凝聚力為主的募資活動。

會議營銷的重要性

　　身為一位 CEO，你不但要會自己包辦所有準備事項，你要複製團隊，複製你的 CEO，讓所有成員學會舉辦這種主辦大型活動。不管你做什麼行業，你都要有能力舉辦這樣的大型活動。我曾在十多年前協助過一家美髮設計公司舉辦一場萬人規模的義剪活動，達到很大的宣傳與造勢效果，但這樣的活動必須要有詳盡的事前規劃。除了要做好公關與人員調度，還需要透過各種管道進行宣傳與聯絡。以上述義剪活動而言，現場會需要準備許多折價券送給參加的客戶，以刺激客戶到店面去剪髮消費。

　　無論是週年慶、園遊會或慈善拍賣會，其中有些活動雖然與金錢利益無直接關聯，但卻對公司的公關形象與品牌印象有深層的影響。不過，會議過程仍有許多事項必須注意，如果只是隨便處理，那不僅會造成資源浪費，更有可能會傷害企業的形象。

　　因此，如果將這些活動辦好，不只能夠增加公司業績，還能增加品牌曝光度，進而回饋社會與營造企業良好形象。這類會議流程上大致上可分為三種：事前準備、招商會議、事後跟進。

事前準備（會前會）

在做事前準備的時候，一定要把簡單的事項複雜化，切割成非常多的流程，展開成好幾個步驟，確保每一個細節都能夠顧到。你可以寫下在這場會議活動舉辦前所要做的細節事項，從邀約客戶開始規劃出三到五種，甚至十種以上的方案。這些事項可能是老客戶的邀請、新客戶的轉介紹、全體員工的動員、新團隊的打造、與同行的合作……等。藉由透過各種不同的方式，你湊齊了所有共同舉辦活動的單位，接下來便要開始進行會議的籌備與活動的排演。

在會議舉行之前，你便要將所有的參與人安排好不同的職位，例如總召集人、嘉賓、主持人、表演人員、幕後員工、危機處理小組……等，在活動彩排時設定好所有細節，包括不同環境的調整與突發狀況的應對。在一整套排演結束後進行討論與調整，並對最終版本進行至少三次的演練。記住，你現在正在做的事情叫做沙盤推演，你可以在此階段盡可能地犯錯，但千萬不能將任何一項錯誤帶到活動當天！

除此之外，你還要評估活動效果與後續效應，將預期成果訂出來以為下一次會議做準備。記住，CEO 就是活動的總召集人，一場活動若能圓滿落幕，從中得到的效益將有可能相

當於公司一整年下來的成果。最後再次提醒，事前準備的工作一定要做的非常完整細緻，流程要規劃得非常清楚，因為事前簡單，事後就麻煩；事前麻煩，事後就簡單！

招商會議（會中會）

在做好事情準備後，接下來得面對的是實戰演練。你將要帶領一群人開始一場精采的現場活動，可能是一場演講會，一場產品招商會，一場模特走秀，也可能是一場嘉年華會。不管是哪一種活動，所有人一定要提早集合做準備，將所有程序與細節告知給全體人員。

請記得，所有的流程都有可能會發生變動，必須要隨機應變的準備，危機處理小組也必須提高警戒，隨時注意現場的狀況。假設在促銷的過程中現場氣氛非常火熱，是否可以因此加碼讓氣氛更嗨？或是現場氣氛太僵，是否能靠製造小插曲以帶動現場氣氛？不只主持人要能夠隨機應變，所有工作人員和總調度者都要看情況隨時做出一些調整和改變。

事後跟進（會後會）

在活動結束之後，無論結果如何，都要給予所有參與者

一些鼓勵與激勵。領導者不只領導眾人，還要會帶動並控制氣氛，然而，領導者不能沉浸在氣氛之中。當大家還在快樂時，領導者必須先察覺出危機，在危機時又須鼓勵大家度過難關，但同時又得和大家相處在一起，必要時才能夠抽身。每一位CEO 都必須要在適當時投入，與大家一同狂歡，但在結束的時候必須要能夠及時抽手。當我在舉辦慶功宴的時候，我會在一開始便全心投入，但在結束的那一刻切換回領導者的姿態，嚴肅的提醒大家該收心準備下一次的目標。

　　身為一位 CEO，你必須學習不再留戀，學習在狂歡後的隔天早上宣佈開會，帶領團隊進行下一階段的工作。你不只要有這樣的風範，你還要讓團隊中所有人有這樣的風範。或許接下來幾天有人會需要做更多客戶服務，需要進行追蹤與檢討。會後會的結束不會是真正的結束，而是下一個會議的開始。把上次的問題做好檢討，設定下一段時程安排與目標，讓自己全副武裝地投入下一場戰役。

　　請記得，人生永遠都有下一個階段，你可以暫時成功，也可以暫時失敗，但別忘了，任何事情都有下一步，你還有下一場會議要參加，還有下一個活動要舉辦！

3-4

做生意十一大關鍵法則

許多人搞不清楚自己如何成功，也不清楚自己為何失敗。然而，身為一位 CEO，你必須幫團隊中的每一位成員釐清心中的想法與概念，再灌輸他們正確的概念與心態，並協助他成長為另一位 CEO。根據我幾十年下來的經驗，歸納出做生意的十一大關鍵法則。

一、凹凸互補法則

若把全世界的人大致分成兩種人：凹人與凸人，凹人內向被動，凸人外向主動，兩者之間可以互補，形成一個完整的圓。巡視一下你與你的工作夥伴，看看誰是凹人，誰是凸人。當你覺得你是凹人，就找個凸人來與你互補，反之亦然。

二、天平法則

如果你把重物放在天平的其中一側，另一側就會翹起來。同樣的道理，當你鼓勵員工邀約客戶，員工就會集體邀約客戶；當你鼓勵員工收錢，員工就會想辦法收錢；當你鼓勵生產，員工就會一起研究生產；當你鼓勵銷售，員工就會傾巢做銷售。由於你是團隊的領頭羊，只要你指引出方向，其餘全員便會一擁而上。

三、市場新舊法則

當市場小的時候，你需要很多人手；當市場變大後，你只需要一些人手。舉例而言，在智慧型手機問世的時候，市場上絕大多數的手機用戶都不會使用這項新產品，因此你需要大量服務人員，向每一位客戶進行解說。當智慧型手機普及後，客戶不只會使用，還會將不同廠牌型號的手機進行比較，你也不需要服務人員教導客戶如何使用。問問自己，你的產品屬於哪一種市場？

四、多線相交法則

　　成功來自於許許多多原因，而所有原因的相交點就是成功。你的事業之所以取得成功，是因為透過許多原因交疊後取得成功的結果。你要告訴自己和所有員工：「你現在之所以成功，是因為眾多因素促使你成功，絕對不是單一事件所造就的結果。」

五、人一己百法則

　　《中庸》記載：「人一能之，己百之；人十能之，己千之。」這不只教你要比他人更加努力，還要你再要求別人前先成為他的模範。如果將領不能身先士卒，士兵也不會義無反顧地跟隨他衝鋒陷陣。試想一下，你在團隊中是不是最努力、最辛勤，付出最多的人？

六、氣氛渲染法則

　　對於集體共事的團隊而言，團隊氣氛非常重要。許多人在參觀我的業務團隊後，會向我反映辦公室環境十分吵雜，懷疑團隊成員是否能認真工作，但我必須說明，那正是我想要的結果。我認為，在吵雜的環境下，團隊成員會因此認知到大家都在努力工作，自己也該加把勁多打幾通電話、多開發幾位新客戶。就像經營餐廳一樣，環境吵雜才代表用餐的人多，也代表餐廳的生意欣欣向榮。

七、高深莫測法則

　　我喜歡在公司定期舉辦各種不一樣的比賽，有時候分南北抗衡，有時候搞個人競爭。每個人都喜歡新鮮感，喜歡永無止盡的新奇與刺激。這套法則在商場上也是如此。永遠不要讓你的客戶、合作夥伴甚至是團隊成員一眼看穿你的形式套路，要讓他們覺得你高深莫測，並期待每次與你接觸時所帶來的新鮮感。

八、眾志成城法則

　　在瞬息萬變的現代大環境下，沒有永遠的是非，只有之間的相對。當團隊在擬訂計畫，做出決策時難免會出現意見分歧的情況，這時最重要的並不是爭出誰是誰非，而是想辦法讓團隊全員都能達成共識。「只要大家都認為是對的，那就是對的；如果大家都認為是錯的，那就是錯的。」身為一位CEO，你要對自己的命令有信心，而你只需要做好一件事情，就是讓你的團隊相信：「領導者是對的！」

九、大盤指數法則

「80% 的業績是由 20% 的人創造出來的，20% 的時間會產生 80% 的業績。」就如同我在先前章節提及，企業與企業之間比較的是核心團隊的水準，其中最重要的就是上頭的十大元帥。你隨時都要列好一份菁英名單，找出誰是團隊中的績優潛力股，把這些潛力股顧好，公司自然會順利成長。

十、預防勝於治療法則

意外並不可怕，可怕的是沒有心理準備。不管你做什麼事情，都一定要準備預備方案，並讓團隊成員抱持最大的希望，付出最大的努力，並做最壞的打算。只要做好預防，縱使面對再遭的結果也不會措手不及。

十一、包裝行銷法則

在選擇過多的現代社會中，有時候第一印象便能夠決定結果。我經常到街上逛街，發現包裝精緻的商品總是最容易吸引人注意，雖然其中不乏敗絮其中的產品，但如果無法靠外觀吸引客戶的目光，內容再好又有什麼用？公司獎勵也是如此，必須為此做出良好的造勢宣傳與包裝，也不要讓成員因低估了獎勵而喪失動力。

3-5

如何作全球生意

在我年紀輕輕的時候就有個目標，那就是要做全球型生意！當時有人問我：「那你要怎麼做全球生意呢？」我回答他：「其實我也不知道，因為我是真的不知道，但當時的亞洲首富孫正義曾說過一句話：『起初只是毫無根據的目標夢想，但是一切都從這裡出發！』」所以如果你有一個遠大的目標，短期之內絕對不可能達到，但是你不斷地向前努力衝刺，總有一天，你將有機會達成目標。

堅持的重要性

還記得在先前章節，一位年輕人要登陸月球的故事嗎？現在的我在全世界各地巡迴演講，包含台灣、中國大陸、新加坡，馬來西亞、泰國、美國及澳大利亞，接下來還有可能到日本、韓國、加拿大、歐洲各個國家。如果從現在回想到過去，我會覺得這是一件不可思議的事，但如果從過去回想到現在，我會覺得這是一件荒謬至極的事。當時的我又窮又白，脾氣暴躁又沒本事，怎麼有可能到處去教別人如何做生意，和一堆大老闆談如何銷售、演講、談判、溝通、帶團隊、培養接班人，那根本是不可能！

但我因為曾經設定過這個目標，於是現在在全世界巡迴演講，藉此結識當地人才，進入新地區的市場，做人脈與資源的整合，整合產業鏈並打造出國際企業。以我為例，你也能設定一個看起來完全不可能的目標，然後全力朝這個目標前進。

戰線太長的問題消失了

我第一個從台灣拓展出去的地方叫做中國大陸。在 2000年，我在台灣把公司開到北京、上海和深圳，但當時我並不感覺中國大陸的土地到底有多大，光是在這三座城市之間來回，連坐飛機都要兩個小時以上。那時我把戰線拉的太長了，常常

顧了其中一邊就顧不了另一邊，導致失敗機率大增。

　　然而，但現在這個問題已經不復存在，網絡的發達使得資訊得以快速傳遞，無論在地球任何一個角落都能快速收到來自另一方的訊息。這是一個地球村的時代，你該思考的不只是哪裡市場最大，還有哪些市場未被開發？哪些市場競爭較少？這是一個贏者全拿的時代，硬碰硬不一定有好下場，但合作擴展所能獲得的結果通常都很不錯。

格局決定佈局，佈局決定結局

　　假如你用結果推算過程，就能知道要經歷哪些過程才能得到結果，也知道自己要先做出哪些佈局，才能發展出期望的過程。請記得，格局決定你的佈局，如果一開始你就決定將自己的佈局設定在特定鄉村或城鎮，那你將會在拓展的時候遇到困難，因為先前佈局時並沒有考慮到其他縣市與該地的差異。

　　過去你可能會覺得某一方法只要在其中一地區得以成功，那這個方法套用在其他地區也能成功，因為你能行動的範圍小，範圍內地區之間的差異不大，你所需要做的調整也不多。然而，在地球村的時代下，所有人都有機會做全世界的生意，你不只要面對不同國家、不同大陸之間的差異，你還得與全世界來自各地的人才競爭。所以，我建議你在辦公室掛一幅全球

地圖，然後去思考自己將如何把產品賣到全世界，該採取哪些行動方案，碰到哪些的問題與挑戰，解決方式該如何決定。

除此之外，你還應該思考以下問題：我該找誰當團隊夥伴？我該尋找哪種貴人，並說服他願意協助我？我該找哪些合作對象？更重要的是，格局永遠比佈局更重要，因為有好的格局就能夠有好的佈局；好的佈局若缺乏好的格局，那便無法長久維持住好的結果。

建立全球化團隊

在我二十七歲剛創業時，將公司總部設置在臺北，後來公司拓展到新竹、台中、台南、高雄，畢竟活動範圍都還在台灣，開車最遠也不需要半天，就算碰上任何問題也能夠迅速解決。現在我的團隊遍佈各地，每一地區都至少有一位負責人，包括台灣、中國大陸、馬來西亞、新加坡、澳大利亞、美國。不僅如此，我與團隊還在不停舉辦活動，要把公司拓展到其他國家與城市。我不怕面對各個國家與地區的文化差異，只因天底下這永遠沒有無法解決的問題，只有還沒有想出來答案！

我現在正在練習的課題，正是如何將從前的集中式管理轉為全球性運營，由於有了網絡，我現在可以隨時隨地和團隊進行會議。這時就該問問自己：「我該如何進行線上會議？

如何克服時差問題？」或許可以嘗試以留言的方式取代即時通話，或透過接龍式的問答串聯起不同時區的團隊，過去許多事情受限於科技，但現在的科技讓我們想到就能辦到！

　　除了線上會議，你也必須定期舉辦線下聚會與教育訓練。在我的公司，全球各地的團隊一年至少都會集合一次，大家一起設定目標，訂定一整年的計畫。我們在每一年度都會舉辦一次名為西點軍校的全球內部秘密訓練，除了會公佈明年的行程規劃計畫之外，並表揚一整年度作戰計畫執行最好的團隊。如果你做的是全球生意，請定期集合大家，在設定共同目標的同時也能培養感情。然而，一整年的時間十分漫長，因此也可以分為季和月，將相鄰地區的團隊集合起來舉行小規模線下會，透過層層凝聚讓全體團隊都能將公司全員視作一體。

　　不管你的公司再強大，你都要想辦法保持一定頻率的線下聚會，因為只有藉由線上與線下的集合，才能夠讓公司全員產生向心力與凝聚力。或許你的公司過於龐大，旗下員工高達數十萬人，無法一次全體集合，但至少也做分區集合，或把各地區的中心幹部、高級主管集合起來做年度訓練、季度會議與日常性的線上會議，讓這些領導者帶領團隊產生整體凝聚力。

3-6

實戰狀況練習題

在閱讀完整本書，學習不少關於複製 CEO 的知識、理論與實戰經驗後，你是不是也想開始小試身手，嘗試處理各種企業營運過程中遭遇的危機？以下將有四道練習題，請你為每一題列出危機處理的六大步驟，並擬定激勵人心講稿的六項大綱。

一、帶領團隊，開發市場

你是一家企業的總經理，由於先前表現良好，總裁親自指派你在 7 天後飛往北京，進駐北京的新公司，而你計畫帶領 8 名業務員、1 名行政主管及 1 名助理前往。在出發前，你必須做好財務預算，第一個月的業績目標為 500 萬元人民幣，並與當地原有 120 名客戶保持聯繫。

然而，出發前兩天出現了突發狀況：你有 2 名部屬關係上為夫妻，他們產生了嚴重爭執並計畫離婚；其中 1 名部屬突然罹患急性盲腸炎，無法照料自身起居。其餘團員由於過於興奮，因過度縱慾導致軍心渙散。

身為北京新公司總經理的你該如何處理上述狀況？具體的步驟及方法為何？最重要的是，你該如何利用出發前向大家發表的演講解決團隊危機？請提出你所有策略及方案，並透過網路及教育的概念，發表一篇精彩激勵人心的報告。

危機處理的六大步驟

實作
練習

一、

二、

三、

四、

五、

六、

激勵講稿六大項目

一、

二、

三、

四、

五、

六、

二、重整旗鼓，面對挑戰

黃明是陽明公司董事長兼 CEO，他在三年前開始在上海創立一家文化傳媒公司，專門幫企業舉辦活動。陽明公司曾有不錯的業績，但在今年卻碰上幾個嚴峻的挑戰：

第一、許多企業開始要求線上與線下活動的結合，但陽明公司不擅長舉辦線上活動，導致許多老客戶流失，又無法滿足新客戶的要求。

第二、這三年來公司賺了一些錢，也培養了六位核心團隊成員，但這六人在逆境下卻變得自卑又自傲，甚至難以勝任其工作崗位。最嚴重的是，他們彼此推卸責任，互看對方不爽，甚至到了接近相殘的程度。

第三、公司剛在廣州設了分公司，花了一大筆錢裝修辦公室與招募人才。然而，應徵上門的人卻很少，其中好不容易招募到的人才卻頻頻被競爭對手挖角，不但平白損失了工資，又因此被挖走更多老客戶。

身為公司總經理的你該如何處理這些狀況？具體的步驟及方法為何？最重要的是，你該如何利用演講振奮人心，替搖搖欲墜的公司打一針強心劑？請提出你所有策略及方案，並透過網路及教育的概念，發表一篇精彩激勵人心的報告。

危機處理的六大步驟

一、

二、

三、

四、

五、

六、

激勵講稿六大項目

實作
練習

一、

二、

三、

四、

五、

六、

三、排除萬難，籌備活動

美康企業是一家位於深圳的公司，多年以來從事與美容健康有關的產品，業務範圍包括從生產到行銷一條龍，去年業績 1.8 億人民幣。在過去幾年間，美康企業一直與中國大陸南部美容院合作，並不定期召開招商會議以招募代理商，有時也會幫代理商做以產品專業知識為主的初步培訓。這家公司曾經在去年舉辦一場大型激勵銷售訓練大會，當天效果不錯，但是後來卻沒有多少持續回響，於是便不了之。

美康企業的老闆秉持著終生學習的態度，常帶著幾位核心幹部參加進修課程，十幾年下來也花了上百萬，不過，其中卻有許多課程報了名卻沒參加。老闆娘則是反對老公把錢花在課程上，認為他不務正業，不過老闆堅持己見，希望未來公司股票能夠上市，甚至將產品銷售海外國家，兩夫妻經常因此吵架。

今年上半年的業績在比起先前少了三分之一，團隊士氣非常低落，銷售團隊所碰上的最大難題為不知如何開發新客戶。因此，老闆希望在雙十一節日舉辦回饋老客戶及代理商的大型線下活動。現在距離雙十一節日還有三個半月，有充足的準備時間，但老闆娘非常反對這類活動的花費，而老闆卻對於如何籌備大型線下活動毫無頭緒。

　　身為公司總經理的你該如何籌備這項活動並處理當前狀況？最重要的是，你該如何處理並解決團隊危機，協助公司提升搖搖欲墜的業績？請提出你所有策略及方案，並透過網路及教育的概念，發表一篇精彩激勵人心的報告。

危機處理的六大步驟

一、

二、

三、

四、

五、

六、

激勵講稿六大項目

實作
練習

一、

二、

三、

四、

五、

六、

四、穩定團隊，順利發展

　　Achieve 是一家初創企業，成立地點在香港，成立的時間只有短短的一年不到，公司主要業務為搭建一座包含線上與線下的交流平臺，並舉辦人脈交流學習活動與成立俱樂部。Achieve 的收費機制採取會員制，會員等級分為鑽石卡、金卡與貴賓卡。目前公司總員工數只有 5 人，但老闆 Peter 卻在去年靠著自身銷售技巧與演講能力，替公司開發出一大群客戶，使得公司在去年下半年扣掉開銷後，竟有高達 350 萬人民幣的淨利。

　　明年的公司目標為達到 3000 萬的業績與 1000 萬的淨利，並希望能透過網路與教育組建內部商學院，並希望將公司團隊拓展到 100 人以上，湊齊人力以拓展中國大陸、臺灣與馬來西亞市場。

　　雖然團隊士氣高昂，但卻有些得意過頭的跡象。其中一位團隊成員兼股東的 John 希望平臺內部能成立新的服務項目，鼓勵客戶出錢投資。此時一家名為 Lost 的公司願意提供每月固定 30% 的高報酬給 John，希望他能將 Achieve 會員持又的資金轉給 Lost 投資。Lost 公司目前已經透過網路金融在幾個國家分別進行投資，風險應該不大。

　　Peter 非常反對這種高風險並可能涉及違法的行為，但 John 既是公司的元老功臣，也是 Peter 的堂弟。如果你是 Peter，請問該如何勸 John 打消這個念頭，並且達成明年的團隊目標，順利完成拓展海外市場的計畫。請制訂出一套非常完整的年度計畫，並清楚地闡述具體作法、目標、步驟及方法。

危機處理的六大步驟

實作
練習

一、

二、

三、

四、

五、

六、

激勵講稿六大項目

實作練習

一、

二、

三、

四、

五、

六、

　　或許會有人感到好奇：「為什麼會有狀況題呢？」因為在我授課課程的過程中，我會藉由提出許多道題目讓學員當場分組討論，進行演練和上台報告，並且當場給予指導回饋。這些狀況題是我在二十多年來，從台灣到中國大陸以及全球各區，輔導的多家企業之中實際所遭遇的問題。這四種狀況題所代表的是四種類型的遭遇，雖然只是大致分類，沒有辦法包羅萬象，但無論公司大小，在哪一地區，都有可能碰到這四種狀況題。

　　上述狀況題所包含的情境不管是對於團隊的建立、產品的開發、人才的挖角、客戶的流失與大環境天時地利人和景氣的差別都有實際性的模擬。當各位讀者在閱讀這本書的時候，可以把這本書當成是一本教科書並去時間書中所教的內容，或是把這本書當成一本參考書，去反映你在現實所碰到的狀況。記住，參考書不一定有標準答案，如同上述的問題，也沒有最具體的標準答案。隨著天時地利人和，科技與技術不斷地變化，上一秒還很可靠的解決管道很有可能在下一秒就不管用了。此外，使用者的差異也有可能產生影響，造成相同的方法卻產生初步一樣的結果。然而，就像我在這本書所提到的系統一樣，世間唯一不變的真理就是變，創新就是在既有的基礎上不斷改良，延伸與提升。

　　所以，各位讀者可以將這本書保留幾十年，每當未來碰上挑戰時，不妨回頭看看這些題目，或許每一次都能想到不一樣的解答方式，也請各位請盡情的發揮討論，或者參與我們的讀書會，或者找同事朋友團隊一起討論問題，我相信你一定會從中有所體悟。

Chapter3 整理筆記

章節重點

心得體悟

結　語

不拼命合作就只能拼命工作

　　如果你不想拼命工作，那就請拼命合作，那我必須先告訴你，這是一個拼命工作還不如拼命合作的時代。合作可以替自己省下更多時間，而省下的時間則能拿來賺更多的金錢，而金錢則能幫你獲得更多資源，讓你有更多與他人合作機會，進而省下更多時間，賺到更多的金錢。以上就是我在先前章節所提的形成良好循環。

　　問問自己，哪些事情還可以進行外包，替自己省下更多的時間以賺取更多的金錢？窮人為金錢拼命工作，富人讓金錢替他工作，不過我要的不只是金錢替我工作，我還要 CEO 為我賣命工作。複製 CEO 這門學問，就是教你運用自身所有的資源複製出人才以謀取更多利潤。記住，人才永遠是最珍貴的資源，但人才也可以是免費資源。請培養你的人才，讓他和你一起學習，你將不只多了一位合作夥伴，同時也多了一位 CEO。

　　或許你再過去曾有過很多失敗的經驗，但我必須告訴你，過去的失敗不代表未來也會繼續失敗。當你不斷嘗試學習，不

斷付出努力，只要成功複製出一位 CEO，擁有一次合作成功，那麼你便找到了成功的方法，透過成功的公式與流程讓自己保持在成功的步驟。

這個世界上本來就不易成功，也不容易與人輕易合作，但與其增加敵人還不如增加朋友。與其增加競爭對手，還不如增加合作夥伴，與其拼命工作還不如拼命合作！想一下，你可不可以和同行合作？可不可以和競爭對手合作？可不可以和上游、下游、製造、批發、銷售商合作？當你合作的對象越多，你的力量將越強大，甚至能跨業、跨領域，跨過一切壁壘和整個世界一起合作。

附錄一

複製 CEO 的問與答

一、培養人才太困難了，我該如何面對這道難題？

團隊的培養和媽媽生小孩一樣，總要經過懷胎十月，但小孩子不一定能平安生下。就算過了第一關，成長途中還是會持續碰到不少問題。人生總是會有一些不順遂，更何況是團隊？

俗話說：「一樣米養百樣人。」每種人的類型都不太一樣，就算是雙胞胎還是有其差異，所以團隊建立與人才培養雖然困難，但每一次都是種新奇的體驗，每一次都有不同的機會，所以得有意義！如果你在出生的時候就知道自己這輩子怎麼過，一輩子只能照著決定好的劇本演出，那不是太無聊了？因此，當你決定要建立團隊的時候，必須先告訴自己要好好享受這段過程的所有經歷，當你抱有這樣的心態候，就不再會感受到痛苦了。

二、有沒有快速賺錢的方法？

如果你問我有什麼快速賺錢的方法，以前的我可以舉出很多方法，但現在的我會告訴你：「按部就班就是最快的方法！」因為，我的另外一本著作《生存力——創業成功秘笈》便證明過「快就是慢，慢就是快！」

這幾十年下來曾有許多人找過我做一些資金盤，或是一些違反法律的金錢遊戲，但是我想辦法讓自己能徹底避免這些誘惑。這些事情我也曾經也去做過，也把錢都賠光了，有時候當你覺得自己即將賺大錢的時候，其實是否能把錢存下來才是關鍵！

賺錢要狠，存錢要更狠，如果你沒有辦法把錢存下來，那錢賺再多又有什麼用？年輕的我曾經賺了一筆很大的錢，但後來又把這筆錢又賠光了，為什麼？追根究柢，當時的我不怎麼重視客戶服務，也不重視客戶價值，只重視市場開發和銷售營銷，因此金錢隨著客戶來了又走，我只能像銀行櫃檯專員那樣數鈔票，但沒有一張進得了自己的口袋。

三、培養人才替我做事實在是太麻煩了，

乾脆我自己來吧？

我的學生裡面有許多高手和天才，每一位都足以勝任公司的創始人。不過，當他們在培養團隊時，覺得團隊成員實在太笨、太麻煩、太沒有效率，於是什麼事情都往自己的肩上扛，結果無論業績多好，客戶多多，公司規模始終無法擴展，他們永遠只有自己可以用。

的確，這些人可能在任何方面都不如你，甚至全部加起來也沒有你一半的能力，但你應該這樣想：有了他們，你省了時間，而時間大於金錢；有了他們，你省了精力，你可以因此做更多其他的事！

四、好人才太難挖掘，
要是培養來後跑了怎麼辦？

其實在培養的過程中，你一定也能從中有所收穫。這世界本來就沒有一廂情願，如果你因為一朝被蛇咬而十年怕草繩，那你將喪失因材施教的所有樂趣和成就。

你應該換個角度思考：如果人才培養起來後卻沒有跑，那不是賺到了嗎？請記住，擁有優秀的接班人會是你一生當中值得驕傲的其中一個成就。

五、現在誰還有閒去學功夫，
來當隻會飛的豬吧？

　　海爾 CEO 張瑞敏曾說過：「颱風來了，連豬都會飛。」但當颱風過了，飛豬都摔下來成了死豬。《飛豬理論》想必許多人都曾聽過，的確也有不少人只想藉由市場趨勢一夕致富。然而，能抓對時機退場，將賺來的錢留在自己口袋的人又有多少？

　　這本書記載著我創業幾十年下來所累積的基本功，也就是讓人永遠都窮不了的基本功。如果你認為自己不是那一位自由掌握機運的「天選之人」，那還是乖乖把基本功打好比較實在。每個人的人生當中都有高低起伏，或許你可以在短時間內賺進大把鈔票，但也可以在短時間內負債累累，如何保持自己永遠都能東山再起才是人生中的成功關鍵。

六、好領導最大的忌諱是什麼？

　　在我幾十年下來的失敗經驗中，好的領導有三種錯決不能犯：帶頭違法、意氣用事、拒絕溝通。只要你犯了上述任何一種錯誤，都有可能讓你的事業在一系之間化為烏有，煙滅幾十年甚至一代人的努力。

　　在我的創業生涯裡，我曾經碰過很多次合作夥伴觸犯到法律問題，因而面臨巨額的罰款，或是因服務條款有爭議，導致訴訟不斷，官司纏身。我曾經因為一時生氣，與團隊的核心成員翻臉拆夥，結果短短幾小時內整個團隊人數剩不到原本的三分之一，不只難以維持營運，客戶也隨著成員離開而流失。

　　追根究柢，上述兩個案例都是因為拒絕溝通而導致的結果。若我的合作夥伴願意多花點時間和法律部門溝通，就不會出現觸法問題；如果我願意拉下臉，告訴我的團隊我正氣在頭上，我並非真心討厭他們，團隊也不會因此分崩離析。因此，拒絕溝通是領導者最大的禁忌，也是複製 CEO 過程中絕對，絕對不能犯的錯。

七、道理我懂，但該如何做到？

在我巡迴演講的過程中，許多學員都曾向我反映：「老師你教的蠻有道理，我們都聽得懂，但做起來真的很難。」沒有錯，這本書中確實提到了許多種方法與道理，但那些真的是最重要的部分嗎？這本書所講的是複製 CEO，講的不只是白紙黑字，可以被記錄下來的內容。

問問你自己，你在做每一件事情的時候心態如何？如果你今天真的抱持著複製 CEO 的心態，真的想把團隊公司帶往國際，你的行事還會保持一樣嗎？用複製 CEO 的心態來學習，用建立跨國企業的心態來打拼，你的思考模式將會完全改變！

八、難道沒有其他更快速成功的方法？

　　複製 CEO 就是最快速成功的方法。造就成功有許多種因素，而這些因素都與一種元素脫離不了關係：數量。無論你在怎麼厲害，在怎麼優秀，你終究只是一名人類，只有一具軀體，一天只有二十四小時，這副臭皮囊就是你最大的限制器。不過，透過複製 CEO，你將擁有千千萬萬的「你」。

九、聽了那麼多，

或許其實我沒有必要那麼執著於成功？

這是一個很有趣的問題，請問你是覺得自己已經夠成功，還是覺得自己不必過度執著於事業上的成就？成功是一種相對，當你與不如自己的人相比時，便顯現出你的成功，但在同一間時，這世界上還是有許多才能比你優秀，目標比你遠大，事業比你更成功的企業家存在。和他們相比，你真的算得上成功嗎？

如果事業不是你最重視的事物，那也恭喜你找到值得投入的美好事物。不過，有些人的志向就是在商場上活躍，成為大企業老闆或是創立全球頂尖團隊。或許你會覺得他們過的十分辛苦，但那正是他們快樂的所在之處。

十、我覺得自己過的不錯，

還需要這麼努力嗎？

　　我曾經聽過有人說：「何必這麼努力，健康是一，其他都是零，人如果沒有健康，再多的零都沒有意義！」我非常同意這句話，但經常有人卻拿這句話當成自己不努力的藉口，為求一時的安逸而放棄了自己現有的成果與機會。

　　所以，當你在詢問自己任何問題時，我建議先問問自己：「這是你心中真實的想法，還是用於逃避現實的藉口理由？」逃避並非好事，雖然我們有時無法避免自己不去逃避，但也別因此把自己給騙了，畢竟總有一天還是得回去面對。

附錄二

《傳承》歌曲

作詞：洪豪澤　主唱：洪豪澤

歌詞

那是一個黑夜 咬著牙含著淚

就算無數次失敗 讓心裡哽咽

即使流乾了所有努力的汗水

我知道 只要我 只要我 永不退卻

度過每一個寒冬 去追求卓越

愛與分享 傳承在風中

充滿感恩 充滿四季

傳承愛 傳承下去

雖然颱著風 雖然下著雨

黑夜一定會過去

Forever ～ Our legacy ～

手牽著手 心連著心

只要你我永遠一起

Just for you ～～～

Just for you ～～～

Just for you ～～～

MV 網址二維碼

附錄三

洪豪澤自我激勵心法

1. 達成目標的一切資源都在我體內。

2. 面對任何挑戰時都告訴自己：從我出生的那一刻起，就已經準備好了。

3. 只要我出現，人們就會產生巨大的希望，感受到超強的能量，擁有無比強大的信心，任何困難都會迎刃而解。

4. 沒有我賣不出去的東西，沒有我攻不下的市場，沒有我說服不了的人。

5. 我擁有像不死鳥一樣的再生力。

6. 每個人心中都有一位沉睡的巨人，等著被我喚醒。

7. 雖然我現在不會，但只要我有決心，就一定能學會。

8. 人生以服務為目的，領導者就是超級服務員。

9. 持續感恩才能持續吸引最美好的一切。

10. 三個臭皮匠勝過一個諸葛亮，誰是你的另外兩位？

11. 下君用己之力，中君用人之力，上君用人之智。

12. 永遠放下身段，御駕親征。

13. 傾財足以聚人，量寬足以得人，律己足以服人，身先足以率人。

14. 傾聽自己，確認眼前的目標是否能實現，以及能帶來多大的價值。

15. 徹底瞭解你所領導的團隊存在著什麼樣的人。

16. 領導者是天才鑑賞家，每個人都有屬於自己天賦，將他擺對位置，並將他的天賦發揮到極致。

17. 最好的人才往往能透過免費獲得。

18. 士為知己者死，只要我能滿足他的六大需求，他就會連離開的念頭都沒有。

19. 把泥土變黃金，將酸檸檬變成檸檬汁，化腐朽為神奇，化不可能為可能！

20. 持續學習能改變命運，競爭力來自學習力。

21. 我生命中的一切都是因我而起，我能選擇並改變我大腦中的畫面。

22. 我會努力開發資源，讓團隊的努力得到巨大的回報，讓他們永遠跟著我走。

23. 寧可用 100 個人各 1% 的力量，也不要用自己 100% 的力量。

24. 我超級熱愛挑戰，我更喜歡突破和創新，我喜歡別人說「哇」的感覺。

25. 格局決定佈局，佈局決定結局。

26. 人們會同情弱者，但永遠只會跟隨強者。

27. 越是危急時刻，越能展現領導力。

28. 能量就是一切。

29. 自己最難領導的人正是自己，唯有徹底說服自己才能說服任何人。

30. 領導就是銷售，就是把自己的願景賣給每一位客戶。

31. 路遙知馬力，日久見人心，憂危啟聖智，時窮節乃見。

32. 大腦不是充滿渴望就是充滿恐懼，充滿渴望恐懼就會自然消失。

33. 經常問自己：「是否每分每秒都做最有生產力的事？」

34. 所有問題都出自於溝通，所有成功更是源自於溝通。

35. 不改變等於巨大的痛苦，改變則等於無與倫比的快樂。

36. 樹上結實纍纍的果實會引人垂涎，路邊的野狗只會讓人可憐。

37. 迷惑的時候要明智，柔弱的時候要堅強，恐懼的時候要勇敢，抓不住的就要放手。

38. 天下有兩難登，難求人更難；天下有兩苦，黃連苦，貧窮更苦；天下有兩險，江湖險，人心更險；天下有兩薄，春冰薄，人情更薄。

39. 若想人前顯貴，必先人後受罪。

40. 天上下雨地下滑，自己跌倒自己爬。

41. 若不想掀起驚濤駭浪，就不該引蛟龍入海。蛟龍入海任遨遊，駭浪狂風不低頭，今朝風雲相聚會，自然一躍上九州。

42. 不是沒有辦法，而是沒想出辦法；不是不景氣，而是不爭氣。

43. 如果一定要達到目標，你會採取哪三到六個行動步驟呢？

44. 沒有不合理的目標，只有不合理的期限。

45. 沒有計畫等於計畫失敗。

46. 如果你無法帶好眼前的人,上天就會將他們收回去;如果你管不好眼前的錢,上天也會將它們收回去。

47. 沒有系統就建立團隊,將會是一場災難!

48. 將成功率提升到最大的二件事:拜對老師、找到貴人。

49. 學習改變命運,知識就是力量。

50. 珍惜才能持續擁有,感恩才能天常地久。

51. 最重要的不是知道自己會什麼,而是認識自己不會什麼。

52. 你將成為你持續重複不斷思考的結果。

53. 時間永遠大於金錢。

54. 窮人重視錢,有錢人則重視時間;窮人花時間賺錢,有錢人花錢買時間。

55. 大部分的人以為眼前的結果源自於當下,成功者知道現那些都是過去累積下來的成果。

56. 凡事都有醞釀期,關鍵在於不能急。

57. 一年的其要領,三年必有所成,五年成為專家,十年成為世界頂尖。

58. 任何人在任何領域必須堅持一萬小時才會有大成就。

59. 找到一個人才等於找到人才背後的經驗、資源、人脈。

60. 省錢不會致富，賺錢才會有錢。

61. 投資硬體只能增值數倍，投資軟體才能增值無數倍。

62. 給孩子及團隊最好的不是錢，而是教育。

63. 凡事皆正面，能量永不滅。

64. 領導者不管任何時候，都要保持鎮定瀟灑的形象。

65. 領導者就是要永遠持續不斷的找人才。

66. 看到貴人跟人才，就要像鯊魚聞到血。

67. 愛人如己，關係第一，不要為了一點錢就去破壞人際關係。

68. 不要緬懷過去誰欠你多少錢，誰對不起你！未來比過去重要！

69. 不要想辦法幹掉競爭對手或仇人，復仇了你也不會快樂。

70. 船大不爭港，同行非敵國。

72. 真心對人付出，有一天會得到回報，就算沒有金錢的回報，也有快樂的回報。

73. 有時候慢就是快，快就是慢，不要盲目羨慕別人，也不要看不起自己。

74. 努力培養對自己、孩子、團隊的自信心。

75. 大部份的問題都是努力不夠的問題。

76. 決定做全世界的生意。

77. 領導是帶動而非推動。

78. 銷售等於收入，情景式銷售就是銷售最好的實踐。

79. 領導力就是影響力。

80. 公眾演說就是最快出人頭地的方法，情景式演說就是發揮公眾演說最好的方式。

81. 有了系統就能愈做愈輕鬆，有了團隊就可以什麼都不會。

82. 找到自己的熱情與天賦就能成為最有成就的人。

83. 持續力加上爆發力才有力量。

84. 當你不知道怎麼辦時，就去上課、學習、聽演講。

85. 愛是世界上最偉大的力量。

86. 動機比方法更重要。

87. 很多行業都可以賺錢，但教育事業可以助人改變命運。

88. 世上沒有奇蹟，只有累積！奇蹟就是累積的表現！

89. 紮實基本功，才能保持好運與富有。

90. 人生就是一連串大大小小選擇造就的結果。

91. 人生不是短跑而是馬拉松，直到蓋棺論定，誰都不知輸贏。

92. 先求生存再求好，生活良好後再求活得精彩。

93. 先達成小目標及短期目標，自然可以達成大目標。

94. 要開始抱怨時，立刻告訴自己暫停！

95. 演說能改變人，比音樂更動人。

96. 繽紛燦爛的過程比不上實際的結果。

97. 隨時讓自己心情好起來，告訴自己這一切都太好了。

98. 只要堅信不移，就會出現奇蹟。

99. 去做你懼怕的事，懼怕之心將消失於無形。

100. 非洲的草原總是有一群奔跑者，獅子跑輸了就少了一餐，羚羊跑輸了就少了一命。

101. 努力不見的會贏，但不努力一定輸到底。

102. 堅持的方向要對，才能夠成功。

103. 一個人在成功前，首先要有一位讓自己又敬又畏的人。

104. 不要逃避壓力，要學會與壓力共舞。

105. 強者定規則，弱者守規則。

106. 花若盛開，蝴蝶自來。

107. 戰至一兵一卒絕不言敗。

108. 學習新事物、新工具、新方法才不會被淘汰。

109. 作大事者必先尋找接班人。

110. 毫不批判地接受批判，是成功人士的守則。

112. 投資學習是最高報酬率的投資。

113. 領導者一定要帶領團隊，成為學習型團隊。

114. 一般人看點，管理者看線，領導者看面。

115. 不慣身居什麼職務，永遠要有老闆的心態。

116. 一般人在山腳下，管理者在山腰中，領導者在山頂上。

117. 態度比能力重要。

118. 尋找人才，是在態度好的人群中尋找能力強的人。

119. 量大是致富的關鍵。

120. 行善與行孝，是團隊必須推行的文化。

121. 領導者要極度重視產品的品質與服務。

123. 領導者要協助團隊每個人提高自身的能量。

124. 壞情緒毀了一切美好的事物。

125. 任何人都能透過學習成長與改變。

126. 每個人都需要教練、師傅與貴人，無論是各種領域。

127. 想賺快錢的人終究會負債累累。

128. 領導者必須不斷帶領團隊轉型。

129. 世界上唯一不變的真理就是變。

130. 厚德載物，讓自己的德行接得住自己的福氣。

筆記

CEO 該思考的問與答

當你閱讀完此書後，除了開卷三十道問題的回應，你的心中是否還有其他感想與啟發呢？每個人的心得或許不完全一樣，但同樣的是，此時的你將具備 CEO 的思考高度。請寫下你的心得，掃描或拍照寄至以下信箱：

sam1713006978@qq.com

CEO 該思考的問與答

CEO 該思考的問與答

CEO 該思考的問與答

國家圖書館出版品預行編目資料

EMBA 不會教的複製 CEO/ 洪豪澤著. -- 初版.
-- 臺北市 ： 匠心文化創意行銷，2019.09
　　面； 公分
ISBN 978-986-97513-7-7（平裝）

1. 職場成功法 2. 領導者
494.35　　　　　　　108014613

傳承教育 001

EMBA 不會教的複製 CEO

作　　者／洪豪澤

發 行 人／張文豪

出版總監／柯延婷

執行總監／郭茵娜

編　　輯／游原厚

內頁設計／宛美設計工作室

封面設計／藝識流 呂詩曼

出 版 者／匠心文化創意行銷有限公司

電　　話／（02）2245-1480〈代表號〉

地　　址／23557 新北市中和區中山路二段 352 號 2 樓

總 代 理／旭昇圖書有限公司

印　　刷／上鎰數位科技印刷有限公司

初版一刷／ 2019 年 9 月

定　　價／ 360 元